예비교사를 위한

확률 및 통계

오광식 지음

KM 경문사

머 리 말

본 저서에서는 확률과 통계의 기본 개념을 쉽게 이해할 수 있도록 정리하였다. 오랫동안 통계학과와 수학교육과 학생들에게 확률과 통계를 강의한 경험을 토대로 한 학기 동안에 학생들이 꼭 알아야 할 내용과 이해할 수 있는 범위를 고려하여 나름대로 교재를 구성해 보았다.

특히 중등학교 수학 교육과정에 포함되어 있는 확률과 통계 영역을 올바르게 지도하기 위해서 수학교사에게 필요한 내용을 중심으로 구성하였으며, 15년간 출제된 교원임용시험 문제와 수학능력시험의 문제들을 쉽게 이해하고 풀이할 수 있도록 각 단원에 포함하였다. 서론에는 2015년 교육부에서 개정 고시된 확률과 통계 교육과정과 교원임용고사 출제 경향을 요약하여 예비교사들에게 도움을 주고자 하였다.

예비교사들의 교원임용준비를 위해서는 본 교재에 있는 내용만 이해하여도 충분할 것으로 생각되고, 중등학교 교사들에게는 확률과 통계 영역을 올바르게 지도하기 위한 길잡이 역할을 할 수 있으리라 생각된다. 또한 교양과목과 전공기초에서 확률과 통계 분야의 교재로 사용하여도 무방하리라고 생각한다.

지금까지 확률과 통계를 수강한 학생들과 원고 집필에 조언을 해준 동료교수들과 제자들에게 감사드리고, 이 책의 출판을 도와주신 경문사 편집부에도 감사드린다.

2017년 11월

오광식

차례

제2장 경우의 수, 순열과 조합

제3장 확률

제4장 확률변수

제5장 이산형확률분포

제6장 연속형확률분포

제7장 다변량 확률변수

제8장 표본 분포

제9장 추정

제10장 가설검정

서 론

0.1 서론

중등학교 수학에서 확률과 통계 단원을 올바르게 지도할 수 있는 역량을 갖춘 수학교사가 되고자 하다면 교육부의 교육과정과 교원임용시험의 출제 경향을 파악하고 이해해야 한다. 그래서 서론에서는 본 저자가 한국데이터 정보과학학회지에 투고한 〈확률 및 통계와 교원임용시험〉의 내용을 소개하고자 한다.

중등학교 수학에서 확률과 통계 단원의 성취기준은 다음과 같다(교육부, 2015).

중학교 수학의 확률과 통계 영역의 성취기준은 “사건이 일어날 가능성을 수치화한 확률, 그리고 자료를 수집·정리·해석하는 통계는 현대 정보화 사회의 불확실성을 이해하는 중요한 도구이다. 다양한 자료를 수집·정리·해석하고, 확률을 이해함으로써, 미래를 예측하고 합리적인 의사 결정을 하는 민주 시민으로서의 기본 소양을 기를 수 있다.”

고등학교 공통과목 수학에서 확률과 통계 영역의 성취기준은 “다양한 상황과 맥락에서 경우의 수를 구하는 체계적인 방법이 존재한다. 경우의 수를 세는 방법은 사건이 일어날 수 있는 모든 경우를 분류하고 체계화하는 수학적 사고를 경험하게 하고, 합리적인 의사 결정의 중요한 도구가 된다.”

고등학교 일반선택 확률과 통계 과목의 성취기준은 첫째, 경우의 수는 “다양한 상황과 맥락에서 경우의 수를 구하는 체계적인 방법이 존재한다. 경우의 수에서는 사건이 일어날 수 있는 모든 경우를 분류하고 조직하는 수학적 사고를 경험함으로써 일상생활에서 어떤 일을 계획하고 의사 결정을 할 때 일어나는 사건을 예측할 수 있는 능력을 기를 수 있다.” 둘째, 확률은 “사건이 일어날 가능성을 수치화한 확률은 의사 결정을 위한 중요한 도구이다. 여러 가지 현상에서 어떤 일이 일어날 가능성을 수치화하는 경험을 통해 문제를 해결하고 미래를 예측하며 합리적인 판단을 하는 능력을 기를 수 있다.” 셋째, 통계는 “불확실한 현상에 대해 주어진 자료를 바탕으로 추론하여 결론을 이끌어 내는 통계는 현대 정보화 사회를 이해하는 중요한 도구이다. 모평균의 추정을 통해 미래를 예측하고 합리적으로 의사 결정하는 통계적 소양을 기를 수 있다.”

고등학교 전문교과 실용수학의 통계 단원의 성취기준은 “자료를 수집, 정리, 해석하는 통계는 현대 정보화 사회의 불확실성을 이해하는 중요한 도구이다. 주어진 자료를 적절한 방법으로 수집, 정리하고, 다양한 자료를 올바르게 해석하고 활용하는 통계적 사고 능력을 기르게 한다.”

0.2 초·중등 교육과정

확률과 통계는 국민기본공통과정의 수학교과에서는 한 영역으로, 그리고 고등학교 공통과목 수학과 일반선택인 확률과 통계 그리고 실용수학 등에 포함되어 있다. 2015년 개정 고시된 교육과정에서 변화된 내용을 살펴보면, 중학교 수학교과에 빅데이터 시대상을 반영하여 산점도와 상관계수가 첨가되고, 고등학교 확률과 통계 과목에 있던 경우의 수와 순열 및 조합은 중학교 내용과 연계하여 공통과목인 수학으로 하향 이동하였으며, 분할과 모비율의 추정은 현장교사 의견을 반영하여 모평균의 추정을 강화하는 대신에 전문교과로 상향 이동하고, 미디어 등에 자주 나타나고 활용도가 높은 표본조사의 의미가 추가되었다(교육인적자원부, 2007, 2011, 교육부 2015).

교육부(2015)의 학교 급별 교육과정에 명시되어 있는 확률과 통계의 핵심개념과 일반화된 지식을 살펴보면 초등학교에서는 자료와 가능성 영역에서 통계의 주요 과정으로 자료의 수집·분류·정리·해석을 그리고 확률의 기초로써 가능성을 수치화하는 경험을 다룬다고 하였다. 중학교에서는 확률과 통계 영역에서 사건이 일어날 가능성을 수치화한 확률은 정보화 사회의 불확실성을 이해하는 중요한 도구이고, 자료를 수집·정리·해석하는 통계는 합리적인 의사 결정을 위한 기초 자료를 제공한다고 하였다. 고등학교에서 다양한 상황과 맥락에서 경우의 수를 구하는 체계적인 방법이 존재하고, 사건이 일어날 가능성을 수치화한 확률은 의사 결정을 위한 중요한 도구이다. 자료를 수집하고 정리하여 결과를 분석하고 추정하는 통계는 현대 정보화 사회의 불확실성을 이해하고, 미래를 예측하는 중요한 도구라고 하였다.

구체적인 학습 요소로 중학교에서는 변량, 줄기와 잎 그림, 계급, 계급의 크기, 도수, 도수분포표, 히스토그램, 도수분포다각형, 상대도수, 사건, 확률, 중앙값, 최빈값, 대푯값, 산포도, 편차, 분산, 표준편차, 산점도, 상관관계 등을 제시하였고, 고등학교에서는 공통과목 수학에서는 합의 법칙, 곱의 법칙, 순열, 계승, 조합, ${}_n\mathrm{P}_r$, $n!$, ${}_n\mathrm{C}_r$ 등, 일반선택과목 확률과 통계에서는 원순열, 중복순열, 중복조합, 이항정리, 이항계수, 파스칼의 삼각형, ${}_n\Pi_r$, ${}_n\mathrm{H}_r$, 시행, 통계적 확률, 수학적 확률, 여사건, 배반사건, 조건부 확률, 종속, 독립, 독립시행, $\mathrm{P}(A)$, $\mathrm{P}(B \mid A)$, 확률변수, 이산확률변수, 확률분포, 연속확률변수, 기댓값, 이항분포, 큰수의 법칙, 정규분포, 표준정규분포, 모집단, 표본, 전수조사, 표본조사, 임의추출, 모평균, 모분산, 모표준편차, 표본평균, 표본분산, 표본표준편차, 추정, 신뢰도, 신뢰구간, $\mathrm{P}(X=x)$, $\mathrm{E}(X)$, $\mathrm{V}(X)$, $\sigma(X)$, $\mathrm{B}(n, p)$, $\mathrm{N}(m, \sigma^2)$ $\mathrm{N}(0, 1)$, $\overline{X}$, S^2, S 등을 다룬다고 되어 있다.

기능에 있어서는 초등학교는 분류하기, 개수 세기, 표 만들기, 그래프 그리기, 표현하기, 수집하기, 정리하기, 해석하기, 설명하기, 이해하기, 활용하기, 비교하기, 문제해결하기이고, 중학교에서는 여기에서 계산하기가 포함되고, 고등학교에서는 경우의 수 세기, 수량화하기, 형식화하기, 공학적 도구 활용하기, 조사하기, 분석하기, 추론하기가 더 포함되어 있다.

위의 내용을 기존의 교육과정들과 비교해 보면 2015년 개정 고시된 교육과정도 수학교과가 기초 학문이라는 특성 때문인지 기존의 내용에서 크게 벗어나지 않고 있음을 알 수 있다. 그러나 4차 산업혁명시대에서 빅데이터의 중요성을 생각한다면 탐색적 자료 분석과 통계적 추론에 관한 내용을 좀 더 추가할 필요가 있다. 미디어 등에 자주 나타나는 여론조사결과와 관련하여 표본조사의 의미가 추가된 것은 바람직하나, 활용도가 높은 모비율의 추정이 강조되어야 함에도 불구하고 현장교사의 의견을 반영하여 전문교과로 상향 이동된 것은 아쉬운 면이 없지 않다. 그리고 나열되어 있는 학습 요소도 기능적인 면에서 경우의 수 세기, 수량화하기, 계산하기, 형식화하기에 편중되어 있어서 과연 확률과 통계의 활용성 면에서 더욱 중요한 다른 기능들을 충족할 수 있는지에 대하여도 의문스럽다고 할 수 있다.

〈표 0.2.1〉 학교 급별 내용체계(교육부 고시 제2015-74호 [별책 8] 참조)

[초등학교]

<table>
<tr><th rowspan="2">영역</th><th rowspan="2">핵심 개념</th><th rowspan="2">일반화된 지식</th><th colspan="3">학년(군)별 내용 요소</th><th rowspan="2">기능</th></tr>
<tr><th>1~2학년</th><th>3~4학년</th><th>5~6학년</th></tr>
<tr><td rowspan="2">자료와 가능성</td><td>자료 처리</td><td>자료의 수집, 분류, 정리, 해석은 통계의 주요 과정이다.</td><td>• 분류하기
• 표
• ○, ×, /를 이용한 그래프</td><td>• 간단한 그림그래프
• 막대그래프
• 꺾은선그래프</td><td>• 평균
• 그림그래프
• 띠그래프, 원그래프</td><td rowspan="2">분류하기
(개수) 세기
표만들기
그래프그리기
표현하기
수집하기
정리하기
해석하기
설명하기
이해하기
활용하기
비교하기
문제해결하기</td></tr>
<tr><td>가능성</td><td>가능성을 수치화하는 경험은 확률의 기초가 된다.</td><td></td><td></td><td>• 가능성</td></tr>
</table>

[중학교]

영역	핵심 개념	일반화된 지식	내용 요소			기능
확률과 통계	확률	사건이 일어날 가능성을 수치화한 확률은 정보화 사회의 불확실성을 이해하는 중요한 도구이다.		• 확률과 그 기본 성질		표현하기 수집하기 정리하기 그래프 그리기 표 만들기 해석하기 설명하기 계산하기 판단하기
	통계	자료를 수집, 정리, 해석하는 통계는 합리적인 의사 결정을 위한 기초 자료를 제공한다.	• 자료의 정리와 해석		• 대푯값과 산포도 • 상관관계	

[고등학교 선택교과 공통과목 수학]

영역	핵심 개념	일반화된 지식	내용 요소	기능
확률과 통계	경우의 수	다양한 상황과 맥락에서 경우의 수를 구하는 체계적인 방법이 존재한다.	• 경우의 수 • 순열과 조합	경우의 수 세기 계산하기 문제 해결하기

[고등학교 선택교과 선택 확률과 통계]

영역	핵심 개념	일반화된 지식	내용 요소	기능
확률과 통계	경우의 수	다양한 상황과 맥락에서 경우의 수를 구하는 체계적인 방법이 존재한다.	• 순열과 조합 • 이항정리	세기 분류하기 수량화하기 형식화하기 비교하기 계산하기 이해하기 설명하기 공학적 도구 활용하기 수집하기 조사하기 정리하기 분석하기 해석하기 추론하기 판단하기
	확률	사건이 일어날 가능성을 수치화한 확률은 의사 결정을 위한 중요한 도구이다.	• 확률의 뜻과 활용 • 조건부 확률	
	통계	자료를 수집하고 정리하여 결과를 분석하고 추정하는 통계는 현대 정보화 사회의 불확실성을 이해하고 미래를 예측하는 중요한 도구이다.	• 확률분포 • 통계적 추정	

0.3 교원임용시험

2003년도에서 2017년도까지 15년 동안의 수학 교원 임용고사에서 출제된 확률과 통계 영역의 문제는 <표 0.3.1>과 같고, 출제 문제를 크게 경우의 수(순열, 조합, 중복조합), 확률(확률, 조건부 확률, 베이즈공식), 일변량확률변수(확률밀도함수, 확률분포, 적률생성함수, 평균, 분산, 확률계산), 이변량확률변수(주변확률밀도함수, 조건부 확률밀도함수, 조건부 기댓값), 확률변수들의 함수의 분포, 표본분포, 통계적 추론(추정, 가설검정) 등으로 요약 분류해서 연도별로 정리해 보면 <표 0.3.2>와 같다.

<표 0.3.2>를 살펴보면 5회 연속 출제된 경우가 1번, 3회 연속 출제된 경우가 2번, 2회 연속 출제된 경우가 5번 있고, 한해 건너 출제된 경우는 7번, 2년 건너 출제된 경우는 2번, 3년 건너 출제된 경우는 2번, 4년 건너 출제된 경우는 2번, 5년만에 출제된 경우는 1번, 1회만 출제된 경우가 2번이 있다. 그리고 내용면에서는 확률변수와 확률분포에서 가장 많이 출제되었는데 일변량은 9회, 이변량은 5회, 확률변수들의 함수는 5회 출제되었으며, 그 다음으로 경우의 수에서 중복조합과 관련한 문제가 7회로써 꾸준히 출제되고 있으며, 통계적 추론이 4회, 확률은 조건부 확률과 베이지안 법칙이 3회, 표본분포는 1회, 탐색적 자료분석은 1회 출제되었다. 이것은 출제자들이 확률과 통계의 모든 영역에서 문제를 고르게 출제하기보다는 3년 이내에 출제된 문제들의 패턴을 따라가면서 난이도와 수준을 조절하는 경향이 있다고 볼 수 있다.

출제의 난이도 측면에서는 2009년도까지는 단순히 정의를 이해하고 계산하거나 증명하는 능력을 파악하는 수준이었다면, 2010년도부터는 복합적으로 개념을 이해하고 응용력이 필요한 수준의 문제로 난이도가 높아지고 있음을 알 수 있다. 내용면에서도 일변량 확률변수에서 이변량 확률변수로 더 나아가 확률변수들의 함수의 분포 그리고 순서통계량 등으로 수준이 점점 높아지고 있다. 그러나 통계학의 활용성 관점에서 중요한 표본분포, 통계적 추론 등의 출제빈도가 아주 미약하고 특히 오랫동안 출제되지 않은 점은 문제로 지적하지 않을 수 없다. 다행스러운 것은 탐색적 자료분석이 2017년도에 처음으로 출제된 점이라고 본다.

〈표 0.3.1〉 임용고사의 확률 및 통계 영역 출제 유형

연도	내 용 영 역	분류
2003	확률(베이지안공식)	2
2004	경우의 수(중복조합)	1
	신뢰구간추정 (Z, t-분포)	7
2005	확률변수(균등분포, pdf, 평균, 분산)	3
2006	이항분포(평균, 분산, 정규근사)	3
2007	이항분포(평균 증명)	3
2008	이산확률변수의 기댓값	3
2009	확률변수, 정규근사	3
	결합확률밀도함수, 독립, 확률계산	4
	경우의수	1
2010	경우의 수(중복조합 응용)	1
	이산확률변수(적률생성함수, 변수변환, 평균, 분산)	3
	모평균의 정규분포 검정	7
	표준정규분포(pdf 성질 증명)	3
2011	표본평균, 확률밀도함수(연속확률변수의 기댓값)	6
	조건부 확률함수, 주변확률함수	4
	경우의 수(중복조합 응용)	1
2012	조건부 확률	2
	조건부 기댓값	4
	모평균 차의 신뢰구간	7
2013	확률변수와 분포(음이항분포, 확률계산, pdf)	3
	확률변수 함수의 기댓값	5
	모비율의 신뢰구간	7
	경우의 수(중복조합)	1
2014	이항분포의 정규근사	3
	결합확률변수의 주변, 조건부 pdf, 조건부 기댓값	4
	정수해의 개수와 점화식	1
2015	정규분포 선형 합 분포의 확률계산	5
	결합확률분포의 확률계산	4
2016	조건부 확률(이항분포이용)	2
	확률변수들의 함수의 pdf	5
2017	순서통계량의 확률계산	5
	X_1, X_2의 $Z = X_1 + X_2$의 확률밀도함수와 기댓값 $E(Z)$	5
	투키(Tukey)가 제안한 탐색적 자료 분석의 관점에서 그래프의 이용과 자료의 대푯값에 대한 서술형	8
	추론 능력을 평가하기 위한 이항정리와 관련된 평가 과정	1

〈표 0.3.2〉 임용고사 문제 내용 영역별 분류표

내용 영역	도수	상대 도수	출제 연도(2003-2017년도)														
			03	04	05	06	07	08	09	10	11	12	13	14	15	16	17
1. 경우의 수	7	.2		1					1	1	1		1	1			1
2. 확률	3	.08	1		1							1					
3. 일변량 분포	9	.25				1	1	1	1	2			1	1		1	
4. 이변량 분포	5	.15							1		1	1		1	1		
5. 함수의 분포	5	.15											1		1	1	2
6. 표본분포	1	.03									1						
7. 통계적 추론	4	.11		1						1		1	1				
8. 탐색적 자료분석	1	.03															1
소계	35	1	1	2	1	1	1	1	3	4	3	3	4	3	2	2	4

확률과 통계 영역을 통해 얻을 수 있는 기능적인 면은 세기, 분류하기, 수량화하기, 형식화하기, 비교하기, 계산하기, 이해하기, 설명하기, 공학적 도구 활용하기, 수집하기, 조사하기, 정리하기, 분석하기, 해석하기, 추론하기, 판단하기이다(교육부, 2015). 그러나 <표 3.3>에서 나타나듯이 수집, 조사, 분류, 정리, 비교, 표·그래프 그리기, 설명하기 등은 1회, 경우의 수 세기, 계산하기 등은 6회, 수량화, 형식화, 해석, 계산하기, 이해하기 등은 20회, 분석, 추론, 판단하기 등은 8회, 공학적 도구 이용하기는 한 번도 출제된 적이 없다. 이는 기존의 수학적 관점에서 필요한 일반적인 기능에만 치우쳐 있고, 확률과 통계의 활용성에 대한 관심이 부족하다고 볼 수밖에 없다.

실제로 대학에서 수학교육과의 교육과정을 살펴보면 확률과 통계 과목은 일반적으로 전체 60학점에서 3학점 또는 6학점밖에 없으므로 통계학에서 중요한 탐색적 자료 분석, 통계적 추론, 그리고 공학적 도구의 이용에 할애할 시간적 여유가 없다. 그래서 기존의 수학적 관점에서 확률과 통계의 개념에 대한 이해를 위한 수학적 형식화와 계산 위주의 교육에 치우칠 수밖에 없고, 출제자도 이런 점을 감안하여 문제를 출제한 것으로 판단된다. 그러나 교육부에서 발표한 2015년도 수학교육과정에서 제시된 통계학의 일반화된 지식은 자료를 수집, 정리, 분석하고 추론을 통해서 합리적인 의사결정을 하는 기초자료를 제공한다고 되어 있는데, 과연 출제 문제들이 이런 점을 지도할 수 있는 수학교사를 임용하는데 부합한지에 대하여는 의문이다. 특히 4차 산업혁명시대의 화두인 빅데이터의 중요성을 고려한다면 수학교과의 다른 영역인 해석학, 대수학, 기하학과 위상수학은 차치하더라고 확률과 통계 영역에 대한 교육은 많은 변화가 있어야 한다. 그리고 이를 유도하는 것은 결국 임용고사의 출제 방향이라는 점을 간과해서는 안 된다.

〈표 0.3.3〉 2015년도 교육과정의 기능별 출제 문항 분류표

교육과정의 기능	도수	상대 도수	출제 연도(2003–2017년도)														
			03	04	05	06	07	08	09	10	11	12	13	14	15	16	17
수집, 조사, 분류, 정리, 비교, 표·그래프 그리기, 설명하기	1	.03															1
경우의 수 세기, 계산하기	6	.17		1					1	1	1		1	1			
수량화, 형식화, 해석, 계산하기, 이해하기	20	.57	1		1	1	1	1	2	2	2	2	2	1	1	1	2
분석, 추론, 판단하기	8	.23		1						1		1	1	1	1	1	1
공학적 도구 이용하기	0	0															
소계	35	1	1	2	1	1	1	1	3	4	3	3	4	3	2	2	4

지금까지 확률과 통계 영역에서 출제된 문제들의 경향을 분석하면 첫째, 경우의 수와 관련된 문제는 꾸준히 출제되고 있고, 중복조합 및 중복순열 등을 복합적으로 적용하는 문제가 나타나고 있으며, 앞으로는 이를 확률에 적용하는 문제도 출제 될 것으로 생각된다. 둘째, 특수한 확률분포에 대한 기댓값과 분산 및 확률밀도함수에 대한 문제에서 이변량 확률변수의 결합, 주변, 조건부 확률밀도함수 및 조건부 기댓값으로 범위가 넓어지고 있다. 셋째, 확률변수들의 함수의 분포에 관한 문제와 확률표본의 개념이 도입되고 이와 관련한 표본평균, 표본분산에 대한 확률밀도함수, 기댓값, 분산 그리고 순서통계량에 대한 문제가 최근에 출제되고 있다. 앞으로는 표본평균과 표본분산과 관련된 분포로써 정규분포, t-분포, 카이제곱분포에 대한 준비도 필요하다. 넷째, 추정과 가설검정이 번갈아 가면서 출제되다가 최근 4년은 출제되지 않았다. 그러나 통계적 추론의 중요성을 감안한다면 준비할 필요가 있고, 그 내용 범위와 수준은 점점 높아지리라 생각한다. 구체적으로 단일 모평균과 모비율의 추론에서 두 모집단의 추론으로 확장되어 출제될 것으로 예측된다. (오광식, 2017, 확률 및 통계와 교원임용시험, *Journal of the Korean Data & Information Science Society*, 28(6) 참조)

제1장

자료의 정리와 그래프

1.1 통계학이란

1.2 자료의 구분과 정리

1.3 자료의 특성치

1.4 표본자료의 대푯값과 그래프

1.1 통계학이란?

통계학(statistics)은 객관적인 판단을 내리기 위하여 자료를 효율적으로 수집하고 정리 요약하거나, 제한된 자료를 이용하여 불확실한 사실에 대하여 과학적인 판단을 내릴 수 있도록 여러 가지 방법을 제시하여 의사결정에 도움을 주는 학문이다. 인구나 경제와 관련된 자료를 수집하고 요약하여 국가의 상태를 알아보기 위해 즉 국가산술(status arithmetics)의 의미에서 시작하였으나 현재에는 의사결정과학(decision making science)으로 발전하였다.

통계학은 다음과 같이 정의하기도 한다. 통계학이란 주어진 문제에 대하여 합리적인 답을 줄 수 있도록 숫자로 표시되는 **정보**(자료: data)를 수집하고 정리하며, 이를 해석하고 신뢰성 있는 결론을 이끌어 내는 방법을 연구하는 과학의 한 분야이다. 또는 통계학은 사회, 자연 및 인간생활의 온갖 현상을 연구하기 위하여, 불확실성(uncertainty)이 내포된 데이터(data)의 선택, 관찰, 분석, 추정 및 검정을 통하여, 의사결정(decision-making)에 필요한 정보(information)의 획득과 처리방법을 연구하는 학문이다.

통계학의 다른 이름은 다음과 같다. 데이터정보과학(data information science), 데이터과학(data science), 데이터기술(data technology), 의사결정과학(decision-making science), 통계정보과학(statistical information science), 정보통계과학(informative statistical science), 정보경영과학(information management science) 등.

통계학을 발전시켜온 초기의 과학자들을 소개하면 다음과 같다. 정규확률곡선(normal probability curve)을 제안한 드무아브르(De Moivre, 1733), 오차 확률분포로 정규분포를 이용한 라플라스(Laplace, 1783), 정규분포를 물리 천체 이론에 적용한 가우스(Gauss, 1809), 종의 기원(the origin of species)에서 유전의 법칙을 통계적으로 설명한 다윈(Darwin, 1859), 유전의 법칙(Mendel's statistical laws of genetics)을 세운 멘델(Mendel, 1863), 상관(correlation)과 회귀(regression)의 개념을 세운 갈톤(Galton, 1889) 그리고 현대통계학의 아버지라 불리고 Biometrika를 창시한 칼 피어슨(K. Pearson, 1901), 케임브리지 대학 수학과 교수로서 모집단(population)과 임의표본(random sample) 개념을 도입한 피셔(R.A. Fisher, 1890-1962) 등이 있다.

통계학이 사회 발전에 기여한 바를 살펴보기로 하자. 생물통계학(Biometrics: biology + statistics), 경제통계학(Econometrics: economics + statistics), 사회통계학(Sociometrics: sociology + statistics), 심리통계학(Psychometrics: psychology + statistics), 기술통계학

(Technometrics: technology + statistics), 화학통계학(Chemometrics: chemistry + statistics), 행동과학통계학(Behaviormetrics: behavior science + statistics), 환경과학통계학(Environmetrics: environment science + statistics) 등 타 학문의 계량적 발전에 기여하였으며, 지식기반 정보화시대의 길잡이인 데이터마이닝과 빅데이터를 태동시켰고, 6-시그마 품질관리 등과 같이 품질 및 생산성 향상에 기여하였고, 센서스, 여론조사, 마케팅조사 등 국가 운영의 투명성과 선진화에 기여하였으며, 환경보전, 신약개발, 각종 질병의 연구, 경제모델개발, 인구모델개발, 금융 및 보험개발, 교육개혁 및 입시정책 입안, 스포츠과학 등에 기여하였다.

자료는 조사나 실험을 통하여 수집한다. 자료를 수집하는 방법은 실험을 통하여 자료를 얻는 **실험계획법**(experiment design)과 모집단에서 표본을 추출하여 자료를 얻는 **표본추출법**(sampling)이 있다. 자료를 수집한 후에 정보를 파악하기 위하여 자료의 대푯값이나 산포도 등을 구하고 그림을 통하여 자료의 특징을 파악하는 기술통계학(descriptive statistics), 또는 탐색적 자료분석(EDA: exploratory data analysis)과, 표본을 이용하여 모집단의 특성을 추론하는 과정인 추정, 가설검정을 다루는 추론통계학(inferential statistics)이 있다.

통계는 자료의 양과 방법에 따라 계산이 지루하고 복잡하므로 주로 계산기를 사용하여 그 값을 구하게 된다. 통계를 계산하는 데 사용되는 대표적인 도구로 엑셀, Statistical package for social science(SPSS), Statistical analysis system(SAS), R 등이 있다. 그리고 통계청에서도 간단한 통계는 처리할 수 있도록 프로그램을 제공하고 있다.

1.2 자료의 구분 및 정리

조사(survey)나 **실험**(experiment)을 통하여 자료를 수집했을 때, 자료수집의 대상을 **케이스**(case) 또는 **관찰단위**(observation)라 하며, 수집하는 자료의 각 항목을 **변수**(variable)라 한다. 각 케이스의 각 변수에 해당하는 값을 변수값이라 하는데, 이러한 변수값은 **질적자료**(qualitative data)와 **양적자료**(quantitative data)로 구분할 수 있다.

기본 개념 1.2.1 자료의 구분

(1) 질적자료 : 대상의 범주적 특성을 나타낸 값. 그러나 자료분석의 편의상 자료에 숫자를 부여하여 특성을 분류할 수 있지만 부여된 수는 수로서의 의미는 없다.

(2) 양적자료 : 사칙연산이 가능한 수량으로 나타낸 값. 양적자료에서 자녀의 수, 나이와 같이 하나 둘 세어서 얻는 것을 **이산형 자료**(discrete data)라 하고, 점수, 무게, 온도와 같이 연속적인 값으로 간주될 수 있는 것을 **연속형 자료**(continuous data)라 한다.

예제 1.2.1 중학교 학생 3명에 대한 자료이다.

(1) 관찰단위와 변수를 구분하고 각각 몇 개 있는가?

(2) 학번을 제외한 변수 중에서 질적자료와 양적자료를 구분하고 각각 몇 개 있는가?

학번	학년	성별	나이	몸무게	키	IQ	혈액형	수학성적
2013123	1	남	13	58	160	120	A	90
2011012	3	남	15	68	170	115	O	85
2012210	2	여	14	53	155	132	AB	95

풀이

(1) 각 행(row)이 관찰단위로써 3개가 있으며, 각 열(column)이 변수가 된다. 변수로는 학번, 학년, 성별, 나이, 몸무게, 키, IQ, 혈액형, 수학성적 등 8개가 있다.

(2) 질적자료는 학년, 성별, 혈액형 등 범주적 특성을 나타낸 것으로 3개 있으며, 양적자료는 나이, 몸무게, 키, IQ, 수학성적 등 사칙연산이 가능한 것으로 5개가 있다.

자료를 정리하는 방법을 다루는 기술통계(descriptive statistics) 분석과 탐색적 자료 분석(EDA)은 자료를 하나의 값으로 요약하는 것과 그래프나 그림으로 나타내는 것으로 나누어 생각할 수 있다. 하나의 값으로 요약하는 것은 중심위치로 평균, 중앙값, 최빈값 등과 사분위수를 사용하고, 자료의 흩어진 정도를 파악하기 위해 범위, 분산, 표준편차, 사분위수범위 등을 사용한다. 그리고 자료의 전체적인 형태를 파악하기 위해 도수분포표를 작성하거나, 원그림, 히스토그램(histogram), 줄기-잎-그림(stem-and-left plot), 상자 그림(box plot) 등과 같은 그래프나 그림을 사용하기도 한다.

〈그림 1.2.1〉 도수분포표와 히스토그램

도수분포표

구간가격

		빈도	퍼센트	유효 퍼센트	누적퍼센트
유효	0~20	2	5.0	5.0	5.0
	100~120	2	5.0	5.0	10.0
	20~40	7	17.5	17.5	27.5
	40~60	13	32.5	32.5	60.0
	60~80	11	27.5	27.5	87.5
	80~100	5	12.5	12.5	100.0
	합계	40	100.0	100.0	

* 좌측경계값은 포함, 우측경계값은 불포함

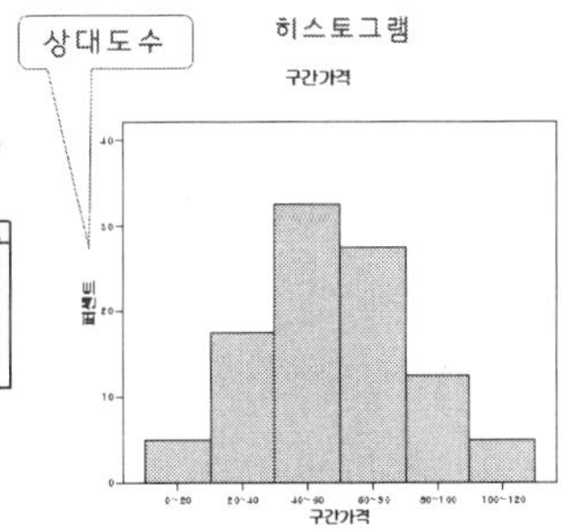

〈그림 1.2.2〉 줄기와 잎 그림

```
성적 Stem-and-Leaf Plot

Frequency     Stem &  Leaf

    1.00        3 .  6
    3.00        4 .  588
    8.00        5 .  34456789
   10.00        6 .  2222346778
   17.00        7 .  12234445556778889
   13.00        8 .  0112344577788
    8.00        9 .  11134789

Stem width:       10
Each leaf:        1 case(s)
```

〈그림 1.2.3〉 상자 그림

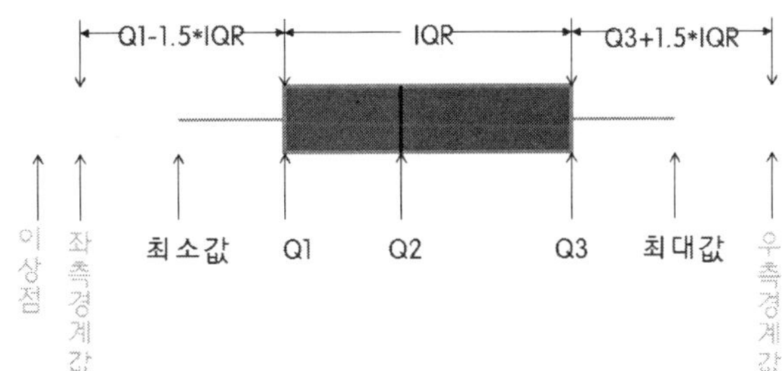

1.3 자료의 특성치

모집단(population)은 관심의 대상 전체집단을 의미하고, **표본**(sample)은 모집단의 일부를 측정하여 얻은 값의 모임이다. 표본추출의 목적은 모집단의 분포를 추측하기 위한 것인데, 모집단의 분포를 추측하는 것은 매우 복잡하고 어렵다. 그래서 모집단의 분포의 특징을 나타내는 특성치를 추측하는 것이 일반적이다. **모수**(parameter)는 모집단의 수치적 특성치로써 모평균(mean), 모분산(varience), 모표준편차(standard deviation), 모비율(proportion) 등을 말하고, **통계량**(statistic)은 표본의 특성치로써 모수를 추론하기 위한 것이다. 추정에 사용할 경우에는 추정량(estimator), 가설검정에 사용될 경우에는 검정통계량(test statistic)이라 한다. 통계량의 예로는 표본평균(sample mean), 표본분산(sample varience), 표본표준편차(sample standard deviation), 표본비율(sample proportion) 등이 있다. 통계량은 표본을 추출할 때마다 바뀌게 되므로 확률분포를 가지게 되고, 이때의 분포를 **표집분포**(sampling distribution)라고 한다.

> **기본개념 1.3.1**
> **모집단(population)과 모수(parameter), 표본(sample)과 통계량(statistic)**
>
> (1) 모집단 : 관심의 대상이 되는 전체집단.
> (2) 표본 : 모집단의 부분집합.
> (3) 모수 : 모집단의 특성치. 예, 모평균(μ), 모비율(p), 모분산(σ^2) 등
> (4) 통계량 : 표본의 특성치. 예, 표본평균($\overline{X}$), 표본비율($\hat{p}$), 표본분산(S^2) 등

모집단의 특성치 중에서 모집단 분포의 위치와 흩어진 정도를 나타내는 대푯값에 대해 알아보기로 하자. 위치를 나타내는 값으로는 평균(mean, μ(뮤)), 최빈값(mode), 제 p백분위수(p-th percentile), 특히 제25백분위수를 제1사분위수(first quartile), 제50백분위수를 중앙값(median), 제75백분위수를 제3사분위수(third quartile)라고 하고, 각각 Q_1, Q_2, Q_3로 표시한다. 흩어진 정도를 나타내는 값으로는 평균절대편차(mean absolute deviation: MAD), 사분위수범위(iterquartile range: IQR), 표준편차(standard deviation), 표준편차를 제곱한 값인 분산(variance) 등이 있다. 그리고 이차원 모집단에서 두 특성의 변화 관계를 나타내는 값으로 상관계수(correlation coefficient)를 사용한다. 이에 대해 알아보기로 한다.

기본개념 1.3.2 모평균(population mean), 제p백분위수(p-th percentile)

(1) 모평균

① 유한모집단 $\{x_1, x_2, \cdots, x_N\}$의 모평균 : $\mu = \frac{1}{N}\sum_{i=1}^{N} x_i$

만약, 서로 다른 값 $x_1^*, x_2^*, \cdots, x_k^*$ 의 도수가 각각 $f_1, f_2, \cdots, f_k$이면,

$\mu = \sum_{i=1}^{k} x_i^* \frac{f_i}{N}$ 이다.

② 무한 모집단의 모평균 :

$$\mu = \begin{cases} \sum_{\text{모든 } x} xp(x) & \text{이산적인 경우} \\ \int_{-\infty}^{\infty} xp(x)\,dx & \text{연속적인 경우} \end{cases}$$

(2) 제p백분위수(p-th percentile) 값을 작은 것부터 순서대로 나열했을 때 p%의 값이 그 값보다 작고, 또한 (100-p)%의 값이 그 값보다 크게 되는 값을 제p백분위수라고 한다.

예제 1.3.1 어느 학급의 수학성적이 다음과 같을 때 평균과 중앙값 사분위수를 구하라.

40, 85, 90, 95, 85, 70, 80, 75, 70, 85

85, 90, 95, 75, 85, 80, 90, 90, 80, 75

풀이 (1) 평균 $\mu = \frac{1}{N}\sum_{i=1}^{N} x_i = \frac{1}{20}\{40 + 85 + 90 + \cdots + 80 + 75\} = 81$

또는 가중합을 사용하여

$$\mu = \sum_{i=1}^{k} x_i^* \frac{f_i}{N} = 40 \times \frac{1}{20} + 85 \times \frac{5}{20} + 90 \times \frac{4}{20} + 95 \times \frac{2}{20}$$

$$+ 70 \times \frac{2}{20} + 75 \times \frac{3}{20} + 80 \times \frac{3}{20} = 81$$

(2) 성적을 순서대로 나열하면 다음과 같다.

	40, 70, 70, 75, 75,	75, 80, 80, 80, 85,	85, 85, 85, 85, 90,	90, 90, 90, 95, 95
순서:	1, 2, 3, 4, 5,	6, 7, 8, 9, 10,	11, 12, 13, 14, 15,	16, 17, 18, 19, 20

Q_1 (5와 6 사이), Q_2 (10과 11 사이), Q_3 (15와 16 사이)

그러므로 제1사분위수 Q_1=75, 중앙값(제2사분위수) Q_2=85, 제3사분위수 Q_3=90

위 예제 1.3.1에서 평균은 특이값 40 때문에 81이지만, 중앙값은 85로써 특이값에 영향을 받지 않음을 알 수 있다.

기본개념 1.3.3 평균절대편차(MAD), 사분위수범위(IQR), 표준편차(standard deviation), 분산(variance)

(1) 평균절대편차(MAD)는 유한모집단 $\{x_1, x_2, \cdots, x_N\}$의 평균절대편차는 각 x_i가 중앙값 Q_2로부터 떨어진 거리인 $|x_i - Q_2|$의 평균으로 정의된다.

$$MAD = \frac{1}{N}\sum_{i=1}^{N}|x_i - Q_2|$$

(2) 사분위수범위(IQR)는 제3사분위수와 제1사분위수의 차로 정의된다.

$$IQR = Q_3 - Q_1$$

(3) 표준편차 σ(시그마)와 분산 σ^2

① 유한모집단 $\{x_1, x_2, \cdots, x_N\}$의 모표준편차 : $\sigma = \sqrt{\frac{1}{N}\sum_{i=1}^{N}(x_i - \mu)^2}$

만약, 서로 다른 값 $x_1^*, x_2^*, \cdots, x_k^*$ 의 도수가 각각 $f_1, f_2, \cdots, f_k$이면,

$\sigma = \sqrt{\sum_{i=1}^{k}(x_i^* - \mu)^2\frac{f_i}{N}}$ 이다. 그리고 분산은 σ^2이다.

② 무한 모집단의 모분산과 모표준편차 :

$$\sigma^2 = \begin{cases} \sum_{\text{모든 } x}(x-\mu)^2 p(x) & \text{이산적인 경우} \\ \int_{-\infty}^{\infty}(x-\mu)^2 p(x)\,dx & \text{연속적인 경우} \end{cases}, \quad \sigma = \sqrt{\sigma^2}$$

연습문제 1.3.2 위 예제에서 분산과 표준편차 그리고 사분위수범위를 구하라.

풀이 분산은 134.474, 표준편차는 11.596, 그리고 사분위수 범위는 15이다.

이제까지 모집단이 한 변수만 있는 경우를 살펴보았는데, 지금부터는 두 변수가 있는 경우를 알아보기로 하자. 예를 들어 학생들의 몸무게와 키를 조사한 두 변수 자료는 유한모집단 $\{(x_1, y_1), (x_2, y_2), \cdots, (x_N, y_N)\}$과 같이 표현된다. 여기에서 몸무게의 집합 $\{x_1, x_2, \cdots, x_N\}$과 키의 집합 $\{y_1, y_2, \cdots, y_N\}$에 대한 모평균 μ_X, μ_Y, 모표준편차는

σ_X, σ_Y 는 각각 구할 수 있다. 그 외에 두 변수의 변화 관계를 나타내는 **상관계수**(correlation coefficient)를 모집단의 특징을 나타내는 대푯값으로 고려하게 되는데 이를 모상관계수 ρ('로'로 읽는다)로 표시하고 계산은 다음과 같다.

$$\rho = \frac{1}{N}\sum_{i=1}^{N}\left(\frac{x_i - \mu_X}{\sigma_X}\right)\left(\frac{y_i - \mu_Y}{\sigma_Y}\right)$$

모상관계수는 항상 $-1 \le \rho \le 1$이고, $0 < \rho$일 경우 양의 상관, $\rho < 0$일 경우 음의 상관이 있다고 한다. $|\rho|$가 클수록 상관관계가 높다고 하고, $|\rho| = 1$인 경우에는 두 변수가 완전한 선형관계에 있다고 한다. 한편 $\rho\sigma_X\sigma_Y$를 **공분산**(covariance)이라고 한다. 무한모집단인 경우에 대해서는 다음에 다루기로 한다.

예제 1.3.3 다음은 키와 몸무게를 조사한 자료이다. 상관계수를 구하라.

	1	2	3	4	5
몸무게(X)	60	65	70	75	80
키(Y)	160	170	170	170	180

풀이 $\mu_X = 70,\ \mu_Y = 170,\ \sigma_X = 7.906, \sigma_Y = 7.071$이고 상관계수 $\rho = 0.894$이다.

연습문제 1.3.4 다음은 수학성적과 영어성적을 조사한 자료이다.

	1	2	3	4	5
수학성적 (X)	85	80	85	90	85
영어성적 (Y)	75	80	85	95	90

풀이 $\mu_X = 85,\ \mu_Y = 85,\ \sigma_X = 3.536, \sigma_Y = 7.906$이고 상관계수 $\rho = 0.671$이다.

1.4 표본 자료의 대푯값과 그래프

표본 자료가 $x_1, x_2, \cdots, x_n$ 일 때 표본의 위치를 대표하는 값으로서 **표본평균**(sample mean), **표본중앙값**은 다음과 같다.

(1) 표본평균 : $\overline{x} = \frac{1}{n}\sum_{i=1}^{n} x_i$

(2) 표본 중앙값 : $x_{median} = \begin{cases} x_{\left(\frac{n+1}{2}\right)} & n : \text{홀수} \\ \dfrac{x_{\left(\frac{n}{2}\right)} + x_{\left(\frac{n}{2}+1\right)}}{2} & n : \text{짝수} \end{cases}$

표본의 흩어진 정도를 나타내는 값으로서 표본분산, 표본표준편차는 다음과 같다.

(3) 표본 표준편차 : $s = \sqrt{\frac{1}{n-1}\sum_{i=1}^{n}(x_i - \overline{x})^2}$, 표본분산은 s^2

표본 자료가 $(x_1, y_1), (x_2, y_2), \cdots, (x_n, y_n)$ 과 같이 이변량일 경우에 표본상관계수는 다음과 같다.

(4) 표본상관계수 : $r = \frac{1}{n}\sum_{i=1}^{n}\left(\frac{x_i - \overline{x}}{s_x}\right)\left(\frac{y_i - \overline{y}}{s_y}\right)$,

여기에서 $\overline{x}, \overline{y}, s_x, s_y$는 각각의 표본평균, 표본표준편차이다.

표본을 도표화함으로써 모집단의 분포의 형태를 파악하는 기초적인 방법으로 자료가 많은 경우에는 도수분포표(frequence table)를 사용하고, 이를 그래프로 요약하는 방법으로 막대그래프(bar graph), 원형그래프(pie graph), 히스토그램(histogram), 도수다각형(frequency polygon), 줄기와 잎 그림(stem and leaf display), 그리고 상자 그림(box plot) 등이 있다. 그리고 이변수 자료에서는 일차원의 도수분포표에 해당하는 분할표(contingency table)가 있으며, 그래프로 나타내는 산점도(scatter plot)가 있다. 이변수 자료가 이산형일 경우에는 주로 분할표를 작성하고, 연속형일 경우에는 산점도와 상관계수를 사용하게 된다.

도수분포표는 표본자료를 하나의 표로 나타내는데, 전체 표본자료의 범위를 5-20개 정도의 계급으로 나누어 각 계급에 속하는 도수(frequency)와 이를 전체 개수로 나눈 상대도수(relative frequency)를 구하여 나열한 표이다.

막대그래프는 수평축 위에 특성값의 위치를 잡고 그 위로 높이가 도수(도는 상대도수)에 비례하게 그린다.

원형그래프는 원을 그리고 부채꼴 모양으로 나누는데, 각 부채꼴의 넓이가 도수에 비례하게 한다.

히스토그램은 수평축 위에 계급구간을 표시하고 그 위로 각 계급의 상대도수에 비례하는 넓이의 직사각형을 그린다.

도수다각형은 히스토그램에서 각 직사각형의 중점을 직선으로 연결하여 그린다.

줄기와 잎 그림(그림 1.4.1 참조)은 히스토그램을 90° 회전시킨 것과 같은 모양인데 자료값을 그대로 유지하고 있는 장점이 있다. 그러나 방대한 자료인 경우에는 그리기가 어려운 점도 있다.

상자 그림(그림 1.4.2 참조)은 사분위수, 최댓값, 최솟값을 나타내는 그림인데 자료의 비대칭도를 파악하거나 특이값을 찾기에 편리하다.

분할표는 자료가 이산형일 경우에 두 특성의 값과 각 이차원 특성값의 도수(또는 상대도수)를 이차원 표에 나열한다.

산점도는 자료가 연속형일 경우에 이차원 자료의 순서쌍을 좌표평면 위에 표시한다.

예제 1.4.1 다음은 30명 학생을 표본으로 뽑아서 영어와 수학 점수를 조사한 것이다.

번호	1	2	3	4	5	6	7	8	9	10	11	12	13	14	15
영어	88	80	75	74	67	54	66	87	85	90	93	95	82	83	85
수학	85	84	80	75	75	68	73	90	88	95	98	92	85	82	89
번호	**16**	**17**	**18**	**19**	**20**	**21**	**22**	**23**	**24**	**25**	**26**	**27**	**28**	**29**	**30**
영어	76	89	73	85	93	83	85	78	32	95	99	88	78	90	82
수학	80	83	78	90	95	80	86	73	57	99	95	85	75	92	80

(1) 최댓값, 최솟값, 표본평균, 표본표준편차, 표본분산을 구하라.

기술통계량

	N	최솟값	최댓값	평균	표준편차	분산
영어	30	32	99	81.00	13.367	178.690
수학	30	57	99	83.57	9.471	89.702

(2) 사분위수와 사분위수범위를 구하라.

사분위수

	제1사분위수	중앙값	제3사분위수	사분위수범위
영어	75.50	84.00	89.50	14
수학	77.50	84.50	90.50	13

(3) 영어 성적의 히스토그램, 줄기와 잎 그림 그리고 상자 그림을 그려라.

〈그림 1.4.1〉 히스토그램, 줄기와 잎 그림, 상자 그림

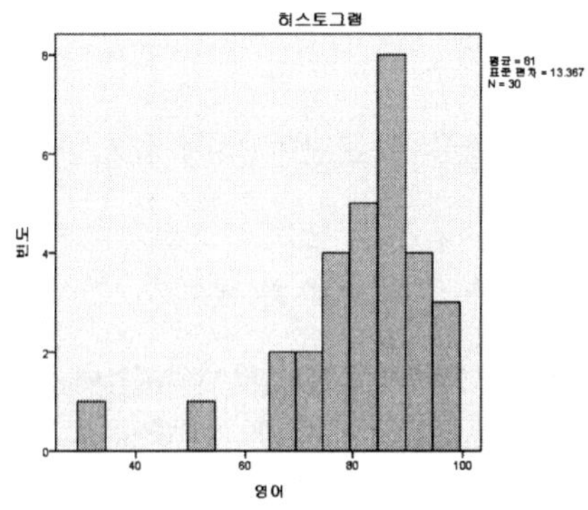


```
영어 Stem-and-Leaf Plot

 Frequency    Stem &  Leaf

     2.00 Extremes    (=<54)
     2.00        6 .  67
     2.00        7 .  34
     4.00        7 .  5688
     5.00        8 .  02233
     8.00        8 .  55557889
     4.00        9 .  0033
     3.00        9 .  559

 Stem width:        10
 Each leaf:         1 case(s)
```

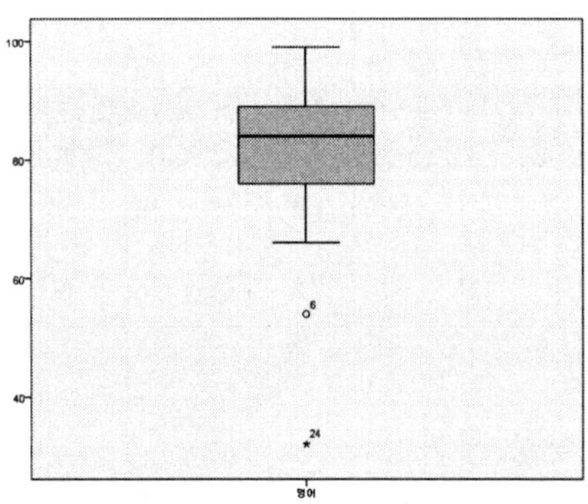

상자 그림에서 6번자료(54점)와 24번자료(32점)가 특이값으로 나타났다. 영어성적의 중앙값은 84점인데 평균점수가 81점으로 낮게 나타나게 된 이유가 특이값에 의한 것임을 알 수 있다.

연습문제 1.4.2 위의 예제 1.4.1에서 영어와 수학 성적의 산점도와 표본상관계수를 구하라.

〈그림 1.4.2〉 상자 그림의 이해

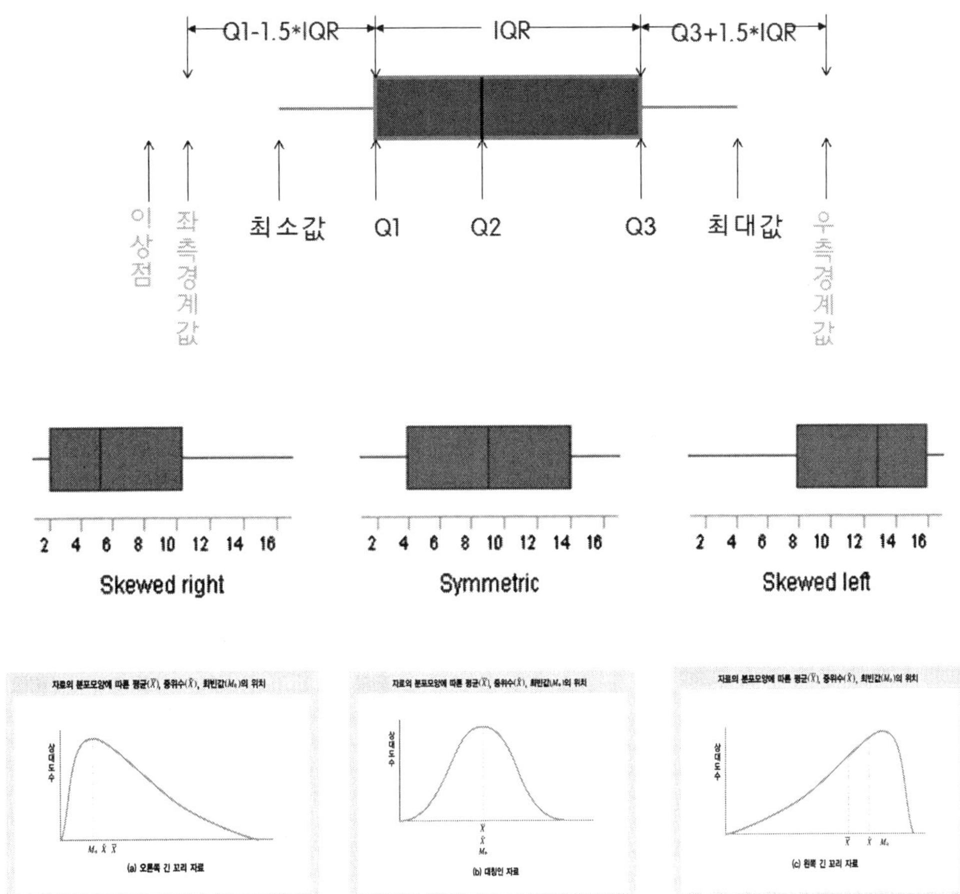

위의 상자 그림(그림 1.4.2 참조)은 SPSS를 사용하였다. 여기에서 $Q_1 - 1.5 \times IQR$ 보다 작은 값과 $Q_3 + 1.5 \times IQR$ 보다 큰 값은 특이값(이상점)으로 제외하고 최댓값과 최솟값을 그림에 표시하였다. 그리고 상자 그림을 통해서 우리는 오른쪽으로 꼬리가 긴 자료

(skewed right), 대칭자료(symmetric), 왼쪽으로 꼬리가 긴 자료(skewed left)등을 파악할 수 있다. 비대칭도를 나타내는 척도로 왜도를 사용하기도 하는데 이에 대해서는 다음에 다루기로 한다.

제2장

경우의 수, 순열과 조합

2.1 경우의 수

동일한 조건에서 반복할 수 있으며 우연에 의해서 결정되는 실험이나 관찰을 행하는 것을 **임의시행**(random trial)이라 하고, 어떤 임의시행에서 일어날 수 있는 결과 전체의 집합을 **표본공간**(sample space), 표본공간의 부분집합을 **사건**(event)이라 한다.

> **기본 개념 2.1.1 경우의 수**
>
> 임의시행에서 어떤 사건이 일어날 수 있는 가짓수를 경우의 수라 한다.
> 사건 A가 일어날 경우의 수를 n(A)로 표시한다.

경우의 수는 중복하지 않고 빠짐없이 헤아려야 하므로 사전식배열이나 수형도를 이용한다. 사전식배열은 모든 가능한 경우를 사전의 단어순서 배열처럼 하는 것이고, 수형도는 나뭇가지가 나누어진 모양으로 나타낸 그림이다.

예제 2.1.1 1, 2, 3, 4를 한 번씩만 사용하여 네 자리 정수 $a_1a_2a_3a_4$를 만든다. 단 $a_i \neq i, i=1, 2, 3, 4$가 되도록 할 때 나타날 수 있는 경우의 수를 구하라.

풀이 사전식 배열로 나타내면 2143, 2341, 2413, 3142, 3412, 3421, 4123, 4312, 4321이므로 경우의 수는 9이다.

연습문제 2.1.2 위 예제를 수형도를 이용하여 구하라.

> **기본 개념 2.1.2 합의 법칙**
>
> 두 사건 A, B가 동시에 일어나지 않을 때, 사건 A 또는 사건 B가 일어날 경우의 수는 $n(A \cup B) = n(A) + n(B)$이다.

합의 법칙은 3개 이상의 사건에 대해서도 성립한다. 그러나 두 사건이 동시에 일어나는 경우가 있는 경우에는 $n(A \cup B) = n(A) + n(B) - n(A \cap B)$이다.

예제 2.1.3 서로 다른 2개의 주사위를 던져 눈의 합이 3이거나 6이 나올 경우의 수를 구하라.

풀이 두 주사위의 눈의 합이 3인 사건을 A, 6인 사건을 B라 하면, $n(A)=2, n(B)=5$이므로 $n(A\cup B)=n(A)+n(B)=2+5=7$이다.

연습문제 2.1.4 주사위를 던져 홀수가 나올 사건을 A, 짝수가 나올 사건을 B, 3 이상의 수가 나올 사건을 C라고 할 때 다음을 구하라.

(1) $n(A), n(B), n(C)$

(2) $n(A\cap B), n(B\cap C), n(C\cap A), n(A\cap B\cap C)$

(3) $n(A\cup B), n(B\cup C), n(C\cup A), n(A\cup B\cup C)$

기본 개념 2.1.3 곱의 법칙(multiplication principle)
두 사건 A, B에 대하여 사건 A가 일어난 경우의 수가 $n(A)$이고, 그 각각에 대하여 사건 B가 일어날 경우의 수가 $n(B)$이면, 사건 A와 사건 B가 함께 일어나는 경우의 수는 $n(A\cap B)=n(A)\times n(B)$이다.

예제 2.1.5 대구에서 서울로 직접 가는 경우의 수는 $n(A)$=4, 광주에서 서울로 직접 가는 경우의 수는 $n(B)$=3, 대구에서 광주로 직접 가는 경우의 수는 $n(C)$=2라고 할 때 다음 물음에 답하라.

(1) 대구에서 광주를 거쳐 서울로 가는 경우의 수

(2) 대구에서 서울로 가는 모든 경우의 수

풀이

(1) $n(C\cap B)=n(C)\times n(B)=6.$

(2) $n(A\cup(C\cap B))=n(A)+n(C\cap B)=n(A)+n(C)\times n(B)=10.$

예제 2.1.6 1에서 52까지의 숫자가 적혀 있는 52장의 카드 중에서 한 장을 뽑을 때, 다음 물음에 답하라.

(1) 2의 배수 또는 5의 배수가 적힌 카드가 뽑히는 경우의 수

(2) 52의 약수가 적힌 카드가 뽑히는 경우의 수

(3) 52와 서로소인 수가 적힌 카드가 뽑히는 경우의 수

풀이

(1) 2의 배수가 적힌 카드의 수 $n(A)=26$, 5의 배수가 적힌 카드의 수 $n(B)=10$, 이때 $A\cap B$는 2와 5의 공배수, 즉 10의 배수가 적힌 카드의 수이므로 $n(A\cap B)=5$, 따라서 $n(A\cup B)=n(A)+n(B)-n(A\cap B)=25+10-5=30$(가지)이다.

(2) 52를 소인수분해하면 $52=2^2\times 13$이고, 이때 2^2의 약수는 $2^0, 2^1, 2^2$이고 13의 약수는 $13^0, 13^1$이므로, 곱의 법칙에 의하여 $2\times 3=6$(가지)이다.

(3) 52와 서로소인 수는 2, 13과 서로소인 수이므로 2, 13의 배수가 아닌 수가 적힌 카드의 수를 구하면 된다. $n(A)=26$, 13의 배수는 $n(C)=4$, 2와 13의 공배수의 수 $n(A\cap C)=2$이므로 $n(A\cup C)=n(A)+n(C)-n(A\cap C)=26+4-2=28$이다. 그러므로 구하는 경우의 수는 $52-n(A\cup C)=52-28=24$(가지)이다.

예제 2.1.7 100원, 500원, 1000원짜리를 사용할 수 있는 자판기에서 300원짜리 음료 8개를 꺼내려고 한다. 거스름돈 없이 자판기에 돈을 넣는 경우의 수를 구하라(단, 세 종류의 돈을 모두 사용하여야 한다).

풀이 1000원, 500원, 100원을 각각 x개, y개, z개 사용할 때 $1000x+500y+100z=2700$, 즉 $10x+5y+z=27$을 만족하는 자연수 x,y,z의 순서쌍 (x,y,z)의 개수를 구하면 된다. 이 경우에는 계수의 수가 가장 큰 문자를 기준으로 경우의 수를 고려한다.
$x=1$인 경우에는 $5y+z=17$이므로 $(y,z)=(1,12), (2,7), (3,2)$이고, $x=2$인 경우에는 $5y+z=7$이므로 $(y,z)=(1,2)$이다. 그러므로 구하는 경우의 수는 $3+1=4$(가지)이다.

예제 2.1.8 두 집합 $X=\{1,2,3\}$, $Y=\{a,b,c,d\}$에 대하여 다음 물음에 답하라.

(1) X에서 Y로의 함수의 개수

(2) X에서 Y로의 일대일함수의 개수

풀이

(1) X에서 Y로의 함수가 되려면 X의 원소 1,2,3에는 각각 Y의 원소 a,b,c,d 중 하나가 대응할 수 있다. 그러므로 곱의 법칙에 의하여 $4\times 4\times 4=64$이다.

(2) X에서 Y로의 일대일함수가 되려면 X의 원소 1에는 Y의 원소 a,b,c,d 중 하나가 대응할 수 있고, X의 원소 2에는 1에 대응한 원소를 제외한 나머지 3개 중에 하나가 대응할 수 있으며, X의 원소 3에는 1, 2에 대응한 원소를 제외한 나머지 2개 중에 하나가 대응할 수 있다. 그러므로 곱의 법칙에 의하여 $4\times 3\times 2=24$이다.

예제 2.1.9 빨강, 주황, 노랑, 초록색을 이용하여 아래 그림의 각 영역을 구분하여 칠하는 경우의 수를 구하라.

<table>
<tr><td>A</td><td rowspan="2">C</td><td rowspan="2">D</td><td rowspan="2">E</td></tr>
<tr><td>B</td></tr>
</table>

풀이 C부터 색을 칠한다고 하면 C는 4가지, A는 C에 칠한 색을 제외한 3가지, B는 A, C를 제외한 2가지, D는 C를 제외한 3가지, E는 D를 제외한 3가지이므로, 구하는 경우의 수는 $4 \times 3 \times 2 \times 3 \times 3 = 216$이다.

연습문제 2.1.10 빨강, 주황, 노랑, 초록색을 모두 이용하여 아래 그림의 각 영역을 구분하여 칠하는 경우의 수를 구하라.

<table>
<tr><td>A</td><td>B</td><td>C</td><td>D</td></tr>
</table>

2.2 순열

기본 개념 2.2.1 순열, 순열의 수 ${}_nP_r$, n의 계승 $n!$

(1) 순열: 서로 다른 n개에서 중복 없이 r개를 택하여 일렬로 배열하는 것을 n개에서 r개를 택하는 **순열**(permutation)이라 한다.

(2) 순열의 수: n개에서 r개를 택하는 순열의 수를 ${}_nP_r$로 나타내고,

$${}_nP_r = n\times(n-1)\times(n-2)\times\ldots\times(n-r+1),\ (\text{단, } 0<r\le n).$$

(3) n의 계승: 1부터 n까지의 자연수를 차례로 곱한 것을 n의 계승 $n!$이라 한다.
$n! = n\times(n-1)\times\ldots\times2\times1$ ($n!$은 n의 **계승** 또는 n **팩토리얼**(factorial)로 부른다.)

순열의 수 ${}_nP_r$은 다음 그림 같이 각 칸에 올 수 있는 경우의 수를 고려하여 곱의 법칙을 적용하면 ${}_nP_r = n\times(n-1)\times(n-2)\times\ldots\times(n-r+1)$이 된다.

n	$n-1$	$n-2$		…		$n-r+1$

예를 들어 서로 다른 a,b,c,d를 중복 없이 3개를 택하여 배열하는 순열을 모두 나타내면,

$abc,\ abd,\ acb,\ acd,\ adb,\ adc,$

$bac,\ bad,\ bca,\ bcd,\ bda,\ bdc,$

$cab,\ cad,\ cba,\ cbd,\ cda,\ cdb,$

$dab,\ dac,\ dba,\ dbc,\ dca,\ dcb$

이고, 이때 경우의 수는 곱의 법칙에 의해 $4\times3\times2=24$이다.

4	3	2

기본공식 2.2.2

(1) ${}_nP_n = n!$

(2) ${}_nP_r = \dfrac{n!}{(n-r)!}$

(3) $0! = 1$

예제 2.2.1 알파벳 a, b, c, d, e에 대하여 다음 물음에 답하라.

(1) 3개를 뽑아 만들 수 있는 단어의 수는 몇 개인가?

(2) 모두 사용하여 만들 수 있는 단어의 수는 몇 개인가?

(3) 위 (1)에서 만약 중복을 허락한다면 만들 수 있는 단어의 수는 몇 개인가?

풀이

(1) ${}_5P_3 = \dfrac{5!}{2!} = \dfrac{5\times4\times3\times2\times1}{2\times1} = 5\times4\times3 = 60$

(2) $5! = 5\times4\times3\times2\times1 = 120$

(3) 곱의 법칙에 의하여 $5\times5\times5 = 125$

연습문제 2.2.2 다음을 계산하라.

(1) ${}_{10}P_{10}$ (2) ${}_{10}P_1$ (3) ${}_{10}P_3$ (4) $\dfrac{{}_{10}P_4}{4!}$

기본 개념 2.2.3 중복순열

(1) 중복순열: 서로 다른 n개에서 중복을 허락하여 r개를 택하여 일렬로 배열하는 것을 n개에서 r개를 택하는 **중복순열**(permutation with repetition)이라 한다.

(2) 중복순열의 수: n개에서 r개를 택하는 중복순열의 수를 ${}_n\pi_r$로 나타내고,

$${}_n\pi_r = n\times n\times n\times\ldots\times n = n^r$$

예제 2.2.3 서로 다른 휴대폰 전화번호 010-○○○○-××××는 몇 개 있는가? 만약 국번호 ○○○○의 첫 자리에는 0과 1은 제외되어야 한다면 몇 개 있는가?

풀이 ○○○○이 10^4개 있고, ××××가 10^4개 있으므로, 곱의 법칙에 의하여

$10^4 \times 10^4 = 10^8$개 있다. ○○○○의 첫 자리에는 0과 1을 제외한 8개가 있으므로 8×10^7개 있다.

> **기본 개념 2.2.4 같은 것을 포함하는 순열의 수**
>
> 전체 n개의 원소에 같은 것이 $n_1, n_2, \ldots n_k$개, 단 $\sum_{i=1}^{k} n_i = n$, 있을 때 나열하는 방법의 수는 $\dfrac{n!}{n_1!n_2!\ldots n_k!}$개 있다.

예제 2.2.4 단어 scrolllock으로 나타낼 수 있는 단어의 수는?

풀이 scrolllock을 $sc_1ro_1l_1l_2l_3o_2c_2k$로 나타내고 나열하는 방법의 수는 $10!$가지 있다. 그런데 'o_1o_2', 'o_2o_1'은 같은 'oo'이므로 $2!$로 나누어야 하고, 마찬가지로 l과 c에 대하여도 적용하면 구하는 값은 $\dfrac{10!}{2!3!2!}$개가 된다.

연습문제 2.2.5 여자 3명과 남자 4명에 대하여 다음 물음에 답하라.

(1) 일렬로 세우는 방법의 수 **(답)** $7!$

(2) 남녀 교대로 세우는 방법의 수 **(답)** $4! \times 3!$

(3) 원탁에 앉게 하는 방법의 수 **(답)** $(7-1) \neq 720$

(4) 원탁에 앉는데 여자는 이웃하지 않게 하는 방법의 수 **(답)** $(4-1)! \times {}_4C_3 \times 3 = 144$

연습문제 2.2.6 3개의 빨강, 4개의 파랑 구슬이 있다(단, 구슬의 크기와 모양은 같다).

(1) 나열하는 방법의 수

(2) 원으로 나열하는 방법의 수

(3) 염주를 만드는 방법의 수

2.3 조합

기본 개념 2.3.1 조합, 조합의 수 $_nC_r$

(1) 조합: 서로 다른 n개에서 순서를 고려하지 않고 r개를 택하는 것을 n개에서 r개를 택하는 **조합**(combination)이라 한다.

(2) 조합의 수: n개에서 r개를 택하는 조합의 수를 $_nC_r$로 나타내고,

$$_nC_r = \frac{_nP_r}{r!} = \frac{n!}{(n-r)!r!}, \quad (\text{단, } 0 < r \le n)$$

$_nC_r$, $\binom{n}{r}$, $C(n, r)$로 표현한다.

서로 다른 n개에서 r개를 택하여 순서를 고려하여 나열하는 방법의 수는 $_nC_r \times r!$이고, 이것은 순열 $_nP_r$과 같다. 그러므로 $_nC_r = \frac{_nP_r}{r!} = \frac{n!}{(n-r)!r!}$가 성립한다. 예를 들어 1, 2, 3, 4에서 2개를 택하여 나열하는 순열은 (12, 21), (13, 31), (14, 41), (23, 32), (24, 42), (34, 43)이므로 $_4P_2 = \frac{4!}{(4-2)!} = 12$가지가 있다. 그런데 순서를 고려하지 않으면 (12, 21)은 1과 2를 택한 조합이 되고, 마찬가지로 (,)를 생각하면 조합의 수는 (,)의 수가 되므로 6가지이고, $_4C_2 = \frac{_4P_2}{2!} = \frac{4!}{(4-2)!2!} = 6$이다.

기본공식 2.3.2

(1) $_nC_n = 1$, $_nC_0 = 1$

(2) $_nC_r = {_nC_{n-r}}$

(3) $_nC_r = {_{n-1}C_r} + {_{n-1}C_{r-1}}$

(4) $_{n+m}C_r = \sum_{i=0}^{r} {_nC_i}\, {_mC_{r-i}}$

서로 다른 n개에서 r개를 택하는 것은 $(n-r)$개를 택하지 않는 것과 같으므로 (2)가 성립한다.

특정한 1개가 선택된 경우는 ${}_{n-1}C_{r-1}$개이고, 선택되지 않은 경우는 ${}_{n-1}C_r$개가 되고, 두 사건은 배반사건이므로 합의 법칙에 의하여 (3)이 성립한다.

서로 다른 $n+m$개에서 r개를 택하는 것은, n개에서 1개도 택하지 않으면 m개에서 r개를 택하여야 하고, n개에서 1개를 택하면 m개에서 $r-1$개를 택하여야 하고, ..., n개에서 r개를 택하면 m개에서 0개를 택하여야 하고, 상호 배반 사건이므로 (4)가 성립한다. 즉

$$ {}_{n+m}C_r = {}_nC_0 \cdot {}_mC_r + {}_nC_1 \cdot {}_mC_{r-1} + \dots + {}_nC_r \cdot {}_mC_0 = \sum_{i=0}^{r} {}_nC_i \cdot {}_mC_{r-i} \, . $$

예제 2.3.1 남학생 8명과 7명의 여학생 중에서 4개 위원회의 위원을 선출하고자 한다.

(1) 선출하는 경우의 수(중복을 허락하지 않음)

(2) 적어도 한명은 남학생을 선출하는 경우의 수

(3) 남학생 2명 여학생 2명을 선출하는 경우의 수

(4) 중복을 허락했을 때 선출하는 경우의 수

풀이

(1) ${}_{15}C_4 = \dfrac{15!}{11! \cdot 4!} = \dfrac{15 \times 14 \times 13 \times 12}{4 \times 3 \times 2 \times 1} = 1,365$가지.

(2) 모두 여학생만 선출했을 경우의 수는 ${}_7C_4 = \dfrac{7!}{3! \cdot 4!} = \dfrac{7 \times 6 \times 5}{3 \times 2 \times 1} = 35$가지 있으므로, 여사건을 생각하면, ${}_{15}C_4 - {}_7C_4 = 2,340 - 35 = 1,330$가지.

(3) ${}_8C_2 \times {}_7C_2 = 28 \times 21 = 588$가지.

(4) 각 학생을 칸으로 생각하고 위원을 공으로 생각하면 4개의 공을 15칸에 배분하는 방법의 수와 같고, 4개의 '0'과 14개의 '/'을 나열하는 경우의 수와 같다.

0000//////////////인 경우는 첫 번째 학생이 4개의 위원을 모두 하는 경우이고

....

//////////////0000은 마지막 학생이 4개의 위원을 모두 하는 경우이다. 그러므로 구하는 경우의 수는 $\dfrac{18!}{4!14!} = 3,060$가지이다.

연습문제 2.3.2 기본공식 2.3.2를 ${}_nC_r = \dfrac{{}_nP_r}{r!} = \dfrac{n!}{(n-r)!r!}$를 이용하여 증명하라.

(1) ${}_nC_n = 1,\ {}_nC_0 = 1$

(2) ${}_nC_r = {}_nC_{n-r}$

(3) ${}_nC_r = {}_{n-1}C_r + {}_{n-1}C_{r-1}$ (4) ${}_{n+m}C_r = \sum_{i=0}^{r} {}_nC_i\, {}_mC_{r-i}$

> **기본 개념 2.3.3 중복조합**
>
> (1) 중복조합: 서로 다른 n개에서 중복을 허락하여 r개를 택하는 것을 n개에서 r개를 택하는 **중복조합**(combination with repetition)이라 한다.
>
> (2) 중복조합의 수: n개에서 r개를 택하는 중복순열의 수를 ${}_nH_r$로 나타내고,
>
> $${}_nH_r = {}_{n+r-1}C_r$$

서로 다른 n개를 $X_1, X_2, \ldots, X_n$이라 두고 중복을 허락하여 r개를 택하는 것은 다음과 같은 표로 나타낼 수 있다. 여기서 $o_1, o_2, \ldots, o_r$는 동일한 경우('o'가 r개)로 고려한다.

번호	X_1	X_2	…	X_{n-1}	X_n	경우
1	$o_1o_2\cdots o_r$	*	…	*	*	X_1을 r개 택한 경우
2	$o_1o_2\cdots o_{r-1}$	o_r	…	*	*	X_1를 $r-1$개, X_2를 1개
	⋮	⋮	⋮	⋮	⋮	⋮
$N-1$	*	*	*	o_1	$o_2\cdots o_r$	X_{n-1}를 1개, X_n를 $r-1$개
N	*	*	*	*	$o_1o_2\cdots o_r$	X_n을 r개 택한 경우

이것은 r개의 'o'와 X_i를 구부하는 $n-1$개의 'I'를 나열하는 방법의 수와 같다. 즉 번호 1은 $o_1o_2\cdots o_r I_1I_2\cdots I_{n-1}$, 번호 2는 $o_1o_2\cdots o_{r-1}I_1o_rI_2\cdots I_{n-1}$,

……………………………………………………

번호 $N-1$은 $I_1I_2\cdots I_{n-2}o_1I_{n-1}o_2\cdots o_n$, 번호 N은 $I_1I_2\cdots I_{n-1}o_1o_2\cdots o_n$와 같고, 아래첨자는 동일하므로 구하는 경우의 수는 ${}_nH_r = \dfrac{(r+n-1)!}{r!(n-1)!} = {}_{r+n-1}C_r$와 같다.

예제 2.3.3 [2013학년도 교원임용고사 기출문제]

A, B, C, D, E 다섯 종류의 과자가 있다. 이 중에서 A과자를 4개 이상 포함하지 않도록 과자 12개를 택하는 경우의 수는? (단, 각 종류의 과자는 12개 이상씩 있다)

풀이 A과자가 포함되는 경우를 나누어 고려하면 다음과 같다.

A과자를 0개 포함한 경우에는 B, C, D, E과자를 중복을 허락하여 12개를 택하는 것으로

$$ {}_4H_{12} = {}_{4+12-1}C_{12} = \frac{15!}{3!12!} = 455 $$

A과자를 1개 포함한 경우에는 B, C, D, E과자를 중복을 허락하여 11개를 택하는 것으로

$$ {}_4H_{11} = {}_{4+11-1}C_{11} = \frac{14!}{3!11!} = 364 $$

A과자를 2개 포함한 경우에는 B, C, D, E과자를 중복을 허락하여 10개를 택하는 것으로

$$ {}_4H_{10} = {}_{4+10-1}C_{10} = \frac{13!}{3!10!} = 286 $$

A과자를 3개 포함한 경우에는 B, C, D, E과자를 중복을 허락하여 9개를 택하는 것으로

$$ {}_4H_9 = {}_{4+9-1}C_9 = \frac{12!}{3!9!} = 220 $$

이들 사건은 상호배반사건이므로 구하는 경우의 수는 $455+364+286+220=1325$이다.

기본 개념 2.3.4 정수해의 개수

연립방정식 $\begin{cases} x_1 + x_2 + \ldots + x_n = r \\ x_i \geq 0,\ i = 1,2,\ldots,n \end{cases}$ 의 음이 아닌 정수해의 개수는 ${}_nH_r = {}_{n+r-1}C_r$

예제 2.3.4 다음 조건을 만족하는 음이 아닌 정수해 (x,y,z)는 모두 몇 개인지 구하라.

$$ \begin{cases} x+y-z=8 \\ x>0,\ y>2,\ z<3 \end{cases} $$

풀이 $z<3$이므로 $Z=0,1,2$인 경우에 대하여 다음과 같이 구하면 18가지이다.

우선 $x-1=X,\ y-3=Y$ 로 두면 위의 방정식과 경우의 수는 각각 다음과 같다.

$z=0$인 경우에는 $\begin{cases} X+Y=4 \\ X\geq 0,\ Y\geq 0 \end{cases}$ 이고, 음이 아닌 정수해는 ${}_2H_4 = {}_{2+4-1}C_4 = {}_5C_4 = 5$

이고,

$z=1$인 경우에는 $\begin{cases} X+Y=5 \\ X\geq 0,\ Y\geq 0 \end{cases}$ 이고, 음이 아닌 정수해는 ${}_2H_5 = {}_6C_5 = 6$ 이고,

$z=2$인 경우에는 $\begin{cases} X+Y=6 \\ X\geq 0,\ Y\geq 0 \end{cases}$ 이고, 음이 아닌 정수해는 ${}_2H_6 = {}_7C_6 = 7$ 이다.

예제 2.3.5 [2014학년도 교원임용고사 기출문제]

자연수 n에 대하여, 방정식

$$x+y+z=n \ (\text{단}, 1 \le x \le 7,\ 0 \le y,\ 0 \le z)$$

을 만족하는 정수해의 개수를 a_n이라 하자. a_n의 생성함수 $f(x)$를 구하고, 이를 이용하여 a_{15}를 구하라.

풀이

$x=1$인 경우: $y+z=n-1,\quad 0 \le y,\ 0 \le z$ 의 정수해의 개수는 ${}_2H_{n-1}$

$x=2$인 경우: $y+z=n-2,\quad 0 \le y,\ 0 \le z$ 의 정수해의 개수는 ${}_2H_{n-2}$

…

$x=7$인 경우: $y+z=n-7,\quad 0 \le y,\ 0 \le z$ 의 정수해의 개수는 ${}_2H_{n-7}$

그러므로 $f(x)={}_2H_{n-x}={}_{n-x+2-1}C_{n-x}=(n-x+1),\ x=1,2,\cdots,7$이고,

$$a_{15}=\sum_{x=1}^{7} f(x)=\sum_{x=1}^{7}(15-x+1)=16\times 7-\frac{7\times 8}{2}=84\text{이다.}$$

2.4 분할과 분배

기본 개념 2.4.1 분할과 분할의 수

(1) 분할 : 서로 다른 n개를 r가지로 나누는 것을 분할이라 한다.

(2) 분할의 수 : 서로 다른 n개를 n_1개, ⋯, n_r개로 분할하는 방법의 수는

$$\binom{n}{n_1, n_2, \ldots n_r} = \frac{n!}{n_1!n_2!\ldots n_3!},\quad \text{단 } n_1 + n_2 + \ldots + n_3 = n,\ n_i \neq n_j,\ (i \neq j).$$

(3) 만약, r가지 중에서 2개의 수 $n_i = n_j$가 같으면 $2!$로 나누어 주고, 3개의 수가 $n_i = n_j = n_k$같으면 $3!$, …, m가지의 수가 같으면 $m!$로 나누어 주어야 한다. 즉 분할의 원소의 개수가 같은 것이 $m_1, \ldots, m_l$이면

$$\frac{\binom{n}{n_1, n_2, \ldots, n_r}}{m_1!m_2!\ldots m_l!} = \frac{\frac{n!}{n_1!n_2!\ldots n_r!}}{m_1!..m_l!}$$

이 된다.

서로 다른 n개를 n_1개, ..., n_r개로 분할하는 방법의 수는 n개에서 n_1개를 택하고 나머지 $n - n_1$개에서 n_2개를, ..., $n - n_1 - \ldots - n_{r-1}$개에서 n_r개를 택하는 것과 같고 곱의 법칙을 적용하면 다음과 같다.

$$\begin{aligned}\binom{n}{n_1, n_2, \ldots n_r} &= {}_nC_{n_1} \times {}_{n-n_1}C_{n_2} \times \ldots \times {}_{n-n_1-\ldots-n_{r-1}}C_{n_r} \\ &= \frac{n!}{n_1!(n-n_1)!} \times \frac{(n-n_1)!}{n_2!(n-n_1-n_2)!} \times \ldots \times \frac{(n-n_1-\ldots-n_{r-1})!}{n_r!0!} \\ &= \frac{n!}{n_1!n_2!\ldots n_3!}\end{aligned}$$

만약, r가지 중에서 2개의 수 $n_i = n_j = l$ $(i < j)$이면, 순서만 다르지 분할은 같은 경우로 볼 수 있으므로 $2!$로 나누어주고, 마찬가지로 m가지의 수가 같으면 순서만 다른 것이 $m!$가지 있으므로 $m!$로 나누어 주어야 한다. 또한, 같은 n_i가 m_1개, ..., m_l개 있다면 $m_1!\ldots m_l!$로 나누어주어야 한다.

예를 들어, 서로 다른 n개를 n가지로 분할하는 방법은 1가지이다. 즉, 각각 1개씩 있어야 하므로 $n_1 = \ldots = n_n = 1$로써 n개가 같으므로 $n!$로 나누어야 하고

$$\frac{\binom{n}{1,1,\ldots1}}{n!} = \frac{\frac{n!}{1!1!\ldots1!}}{n!} = 1$$

이 된다. 만약 서로 다른 자연수 1, 2, 3, 4, 5, 6, 7, 8, 9, 10을 원소의 수가 다른 4가지로 분할하는 방법의 수는 $\binom{10}{1,2,3,4} = \frac{10!}{1!2!3!4!}$ 가지가 된다.

그러나 원소의 수가 2개인 것을 3개($n_1 = n_2 = n_3 = 2$), 4개인 것을 1개로 분할한다면 $\binom{10}{2,2,2,4} = {}_{10}C_2 \times {}_8C_2 \times {}_6C_2 \times {}_4C_4$ 중에서 같은 것이 존재하는데, 예를 들어 분할 $\{1,2\},\{3,4\},\{5,6\},\{7,8,9,10\}$은 분할 $\{1,2\},\{5,6\},\{3,4\},\{7,8,9,10\}$와 같고, 이것의 수가 $3!$가지 있으므로 구하는 분할의 수는 $\frac{\binom{10}{2,2,2,4}}{3!}$ 가지이다.

> **기본 개념 2.4.2 분배와 분배의 수**
>
> (1) 분배 : 서로 다른 n개를 r가지로 분할하여 나누어 주는 것을 분배라 한다.
>
> (2) 분배의 수 : 서로 다른 n개를 r가지로 분할하여 나누어 주는 분배의 수는
>
> (분배의 수) = (분할의 수) $\times r!$

분할은 n개를 r가지로 나누는 경우의 수이고, 분배는 분할한 서로 다른 r가지를 나누어 주는 방법의 수이므로 (분배의 수) = (분할의 수) $\times r!$이다.

예제 2.4.1 집합 $1, 2, 3, 4, 5, 6, 7, 8, 9, 10, 11, 12, 13, 14, 15$에 대하여 다음 물음에 답하라.

(1) 원소의 수가 서로 다른 집합으로 분할하는 경우의 수

(2) 원소의 수가 2개, 2개, 2개, 3개, 3개, 3개인 집합으로 분할하는 경우의 수

(3) 원소의 수가 다섯 개씩 3개의 집합 A, B, C를 만드는 방법의 수

풀이

(1) 1, 2, 3, 4, 5개씩 분할하면 되므로 $\binom{15}{1,2,3,4,5} = \frac{15!}{1!2!3!4!5!} = 37,837,800$가지.

(2) 같은 개수의 원소를 가지는 집합이 3개씩 2가지가 있으므로, 구하는 경우의 수는

$$\frac{\binom{15}{2,2,2,3,3,3}}{3!3!} = \frac{15!}{2!2!2!3!3!3!3!3!} = 4,204,200\text{가지}.$$

(3) 분할하여 집합 A, B, C에 분배하는 경우의 수이므로 $\frac{\binom{15}{5,5,5,}}{3!} \times 3! = 756,756$가지.

기본 개념 2.4.3 동일한 대상물의 분배
동일한 r개를 서로 다른 n개의 상자에 분배하는 방법의 수 : ${}_nH_r = {}_{n+r-1}C_r$

예제 2.4.2 동일한 사과 5개를 서로 다른 3명에게 나누어 주는 방법의 수.

풀이 ${}_3H_5 = {}_7C_5 = 21$가지.

[다른 풀이] 사과 5개 o, o, o, o, o를 서로 다른 3명에게 분배하는 경우의 수는 o, o, o, o, o, I, I (첫 번째 사람이 5개의 사과를 가지는 경우)를 나열하는 경우의 수로써 $\frac{7!}{5!2!} = 21$가지이다.

[해설] o, o, o, o, o, I, I : 첫 번째 사람이 5개의 사과를 가지는 경우

…………………

I, I, o, o, o, o, o : 세 번째 사람이 5개의 사과를 가지는 경우.

기본 개념 2.4.4 $S(n, k)$, $P(n,k)$
1. n개의 원소를 가진 집합을 k개의 공집합이 아닌 부분집합으로 분할하는 방법의 수를 $S(n, k)$ 2. 자연수 n을 k개의 자연수의 합으로 분할하는 방법의 수를 $P(n,k)$

$S(n, k)$는 원소가 유한개인 집합을 서로소인 k개의 공집합이 아닌 부분집합의 합집합으로 나타낼 수 있는 방법의 수와 같다. 예를 들어 집합 $\{a, b, c, d\}$를 2개의 부분집합의 합집합으로 나타내는 방법의 수는 $S(4, 2)$로 나타내며, 원소의 개수가 1, 3개인 경우와 2, 2개인 경우로 나눌 수 있다. 그러므로 $\binom{4}{1,3} + \binom{4}{2,2} = \frac{4!}{1!3!} + \frac{4!}{2!2!}/2 = 7$가지이다.

예제 2.4.3 10명의 학생을 4팀으로 나누는 방법의 수

(1) 팀별로 인원이 다르게 나누는 방법의 수

(2) 3, 3, 3, 1명으로 나누는 방법의 수

풀이

(1) 1, 2, 3, 4명으로 나누어야 하므로 $\binom{10}{1,2,3,4} = \dfrac{10!}{1!2!3!4!}$

(2) $\binom{10}{3,3,3,1} = \dfrac{10!}{3!3!3!1!}/3!$ 이다.

예제 2.4.4 집합 {A, B, C, D, E}에 대하여 다음 물음에 답하라.

(1) 부분집합의 개수? **(답)** 2^5

(2) 원소의 수가 2개, 3개인 부분집합으로 분할하는 경우의 수?

(답) $\binom{5}{2,3} = \dfrac{5!}{2!3!} = 10$

(3) 원소의 수가 2개, 2개, 1개인 부분집합으로 분할하여 서로 다른 3명에게 분배하는 경우의 수?

(답) $\left\{\binom{5}{2,2,1}/2\right\}\times 3! = \left(\dfrac{5!}{2!2!1!}/2\right)\times 6 = 90$

연습문제 2.4.5 (1) 5명의 학생을 4팀으로 나누는 방법의 수.

(2) 210을 1보다 큰 두 자연수의 곱으로 나타내는 방법의 수를 구하라. 답 $S(4,2) = 7$

자연수 5를 3개의 자연수의 합으로 나타내는 방법은 5=1+1+3=1+2+2이므로 $P(5,3) = 2$ 이다. 자연수 5를 분할하는 방법의 수는 다음과 같다.

$$P(5,1) + P(5,2) + P(5,3) + P(5,4) + P(5,5) = 7$$

연습문제 2.4.6 서로 같은 구슬 8개를 서로 같은 상자 4개에 나누어 담으려고 한다.

(1) 빈 상자가 없도록 나누어 담는 방법의 수. 답 $P(8,4) = 5$가지.

(2) 빈 상자가 1개 이하가 되도록 나누어 담는 방법의 수. 답 $P(8,4) + P(8,3)$

기본공식 2.4.5

(1) $S(n,0)=0,\ S(n,1)=1,\ S(n,n)=1$

(2) $1<k<n$일 때, $S(n,k)=S(n-1,k-1)+k\times S(n-1,k)$

(3) $P(n,1)=1,\ P(n,n)=1$

(4) $1<k<n$일 때, $P(n,k)=P(n-k,1)+P(n-k,2)+\ldots+P(n-k,k)$

n개의 원소를 갖는 집합을 k개로 분할하는 방법은 특정한 원소 a를 기준으로, 원소 a 하나만으로 1개의 부분집합을 이루는 경우와 원소 a가 다른 원소들과 함께 1개의 부분 집합을 이루는 경우로 구분할 수 있다. 전자는 $n-1$개의 원소를 $k-1$개의 집합으로 나누는 경우이므로 $S(n-1,k-1)$이 되고, 후자는 a를 제외한 $n-1$개의 원소를 k개의 집합으로 나누고 a를 어느 집합에 넣느냐에 따라 분할이 달라지므로 $k\times S(n-1,k)$가 된다. 그러므로 $S(n,k)=S(n-1,k-1)+k\times S(n-1,k)$가 성립한다.

자연수 n을 k개의 자연수로 분할하는 방법은 서로 같은 구슬 n개를 서로 같은 k개의 상자에 나누어 넣는 방법의 수로 바꾸어 생각할 수 있다. k개의 상자에 1개씩 구슬을 넣은 후 남은 $n-k$개의 구슬을 1개, 2개, 3개, ..., k개의 상자에 남는 구슬이 없도록 나누어 넣으면 된다. 그러므로 $P(n,k)=P(n-k,1)+P(n-k,2)+\ldots+P(n-k,k)$이 성립한다.

연습문제 2.4.7 다음을 구하라.

(1) $S(10,1),\ S(5,2)$

(2) $P(10,1),\ P(6,4)$

기본 개념 2.4.6 다항정리(multinomial theorem)

$$(x_1+x_2+\ldots+x_k)^n=\sum_{\substack{(r_1,r_2,\ldots,r_k)\\ r_1+r_2+\ldots+r_k=n}}\binom{n}{r_1,r_2,\ldots,r_k}x_1^{r_1}x_2^{r_2}\ldots x_k^{r_k}$$

$\sum$는 $r_1+r_2+\ldots+r_k=n$을 만족하는 모든 자연수 $(r_1,\ldots,r_k)$에서의 합이다.

여기서 $\binom{n}{r_1,\ldots,r_k}$를 **다항계수**(multinomial coefficient)라 한다.

예제 2.4.8 $(2x_1 + x_2 + 3x_3)^9$을 전개할 때 다음 물음에 답하라.

(1) $x_1^2 x_2^3 x_3^4$의 계수를 구하라.

(2) 항의 개수를 구하라.

풀이

(1) 다항정리에 의하여 $\binom{9}{2,3,4} 2^2 3^4 = \dfrac{9!}{2!3!4!} 2^2 3^4 = 408,240.$

(2) 서로 다른 3개에서 중복을 허락하여 9개 택하는 경우와 같으므로 중복조합을 이용하여

$_3H_9 = {}_{3+9-1}C_9 = \dfrac{11!}{9!2!} = 55$ 개가 된다.

제3장

확률

3.1 확률의 정의

확률을 공부하기 위해서 먼저 **임의실험**(random experiment)에 대해서 알아보자. 각 실험은 **결과**(outcome)를 가지게 되는데, 실험을 **시행**(trial)하기 전에는 결과가 결정되지 않아야 한다. 그러나 실험을 통해서 나타날 수 있는 결과들은 사전에 나열할 수 있어야 하고, 동일한 조건하에서 반복 시행하여야 한다. 임의실험을 시행하여 나타날 수 있는 모든 결과들을 수집한 공간을 **표본공간**(sample space)이라 한다. 표본공간은 S로 표현하는데, 표본공간이 유한개 또는 가산(countable) 무한개의 원소를 가질 때 **이산표본공간**(discrete sample space), 유한도 아니고 가산무한도 아닐 때 **연속표본공간**(continuous sample space)이라 한다. 표본공간 S의 부분집합을 **사건**(event)이라 하고, 영문자의 대문자 $A, B, C, \dots$ 등으로 표현한다. 실험을 시행하여 나타난 결과가 사건 A의 원소일 때 사건 A가 일어났다(event A has occurred)고 한다.

사건들은 집합이므로 공집합, 여집합, 교집합, 합집합도 사건이 되고, 이러한 사건을 각각 **공사건**(null), **여사건**(complement), **교사건**(intersection), **합사건**(union)이라 한다. 두 사건 A와 B에 대하여 공사건은 $\varnothing$, 사건 A의 여사건은 A^c, A와 B의 교사건은 $A \cap B$, A와 B의 합사건은 $A \cup B$로 표현한다 그리고 공사건은 $\varnothing$. 물론 3개 이상의 사건들에 대해서도 합사건과 교사건을 정의할 수 있으며 교환, 결합, 분배, 그리고 **드모르간의 법칙**(De Morgan's law)이 성립한다. 특히 $A \cap B = \varnothing$일 때, A와 B는 **상호배반사건**(mutually exclusive)이라 한다.

예제 3.1.1 1개의 주사위를 던지는 실험에 대하여 다음 물음에 답하라.

(1) 표본공간 S를 쓰고, S는 어떤 표본공간인가?

(2) 모두 몇 개의 사건이 있을 수 있는가?

(3) 사건 $A = \{1,2,3\}, B = \{4,5,6\}, C = \{2,4,6\}, D = \{1,3,5\}$일 때,

$A^c, A \cap C, A \cup D, (A \cap C) \cup B, (A \cup B) \cap C, A^c \cup C^c, A^c \cap D^c$를 구하라.

(4) 상호 배반사건인 것을 찾아라.

풀이

(1) 표본공간 $S = \{1, 2, 3, 4, 5, 6\}$이고, 이산표본공간이다.

(2) 표본공간 S의 부분집합이 사건이므로, 사건의 총 개수는 2^6가지이다.

(3) $A^c = \{4,5,6\} = B$,

$A \cap C = \{2\}$, $A \cup D = \{1,2,3,5\}$,

$(A \cap C) \cup B = \{1,2,3,5\} = (A \cup B) \cap (C \cup B)$, (분배법칙)

$(A \cup B) \cap C = \{2,4,6\} = (A \cap C) \cup (B \cap C)$, (분배법칙)

$A^c \cup C^c = (A \cap C)^c = \{1,3,4,5,6\}$, (드모르간법칙)

$A^c \cap D^c = (A \cup D)^c = \{4,6\}$ (드모르간법칙)

(4) $A \cap B = \varnothing$ 이므로, A, B는 배반사건이다. 또 두 사건 C, D도 배반사건이다.

연습문제 3.1.2 2개의 동전을 던지는 실험에서 표본공간 $S = \{HH, HT, TH, TT\}$이다. 다음 물음에 답하라.

(1) S는 어떤 표본공간인가? **(답)** 이산표본공간

(2) 모두 몇 개의 사건이 있을 수 있는가? **(답)** 2^4

(3) 사건 $A = \{HH, HT\}, B = \{TH, TT\}$, $C = \{HT, TH\}$, $D = \{HH, TT\}$에서,

$A^c, A \cup B, B \cap C, A^c \cap B^c$를 구하라.

(4) 실험의 결과 HH가 나타났다. A, B, C, D 중에 어떤 사건이 일어났는가? **(답)** A, D

예제 3.1.3 어떤 전구의 수명을 측정하는 실험에 대하여 다음 물음에 답하라(단, 처음부터 고장 난 전구는 없다고 한다).

(1) 표본공간 S를 쓰고, S는 어떤 표본공간인가?

(2) 모두 몇 개의 사건이 있을 수 있는가?

(3) 사건 $A = \{x | 10 \le x\}, B = \{x | 5 \le x \le 15\}$ 일 때, A^c, $A \cap B$, $A \cup B$, $A^c \cup B^c$,

$A^c \cap B^c$를 구하라.

(4) 어떤 전구의 수명을 측정하였더니 $x = 8$이었다. 사건 A가 일어났는가?

(5) 두 사건 A, B는 배반사건인가?

풀이

(1) 표본공간 $S = \{x | 0 < x\}$, 여기서 x는 전구수명시간이고, 연속표본공간이다.

(2) 사건은 헤아릴 수 없이(uncountable) 많다.

(3) $A^c = \{x | 0 < x \le 10\}, A \cap B = \{x | 10 < x < 15\}$, $A \cup B = \{x | 5 < x\}$,

$A^c \cup B^c = (A \cap B)^c = \{x | 0 < x < 10, 15 < x\}$, $A^c \cap B^c = (A \cup B)^c = \{x | 0 < x \le 5\}$

(4) 사건 A가 일어나지 않았다. 왜냐하면 $x = 8$는 사건 A에 속하지 않기 때문이다.

(5) $A\cap B\neq\varnothing$ 이므로, A, B는 배반사건이 아니다.

연습문제 3.1.4 다음의 임의실험에서 표본공간을 쓰고, 어떤 표본공간인가?

(1) 우리나라에서 하루 동안에 일어나는 사망자의 수를 측정하는 실험 **(답)** 이산

(2) 주사위를 2개 던져서 윗면에 나타나는 수의 합을 측정하는 실험 **(답)** 이산

(3) 중학교 3학년의 키를 측정하는 실험 **(답)** 연속

(4) 중학교 3학년의 수학성적을 측정하는 실험(단, 100점이 만점이다) **(답)** 연속

(5) 표본공간 $S_1=\{x|x\in N\}, S_2=\{x|x\in R\}, S_3=\{x|x\in Z\}, S_4=\{x|x\in Q\}$ 단, N은 자연수, Z는 정수, Q는 유리수, R은 실수이다. **(답)** S_1, S_3는 이산, S_2, S_4는 연속

확률(probability)은 어떤 임의실험을 동일한 조건에서 반복 시행했을 때 사건 A가 일어날 가능성을 나타내는 수로써 $P(A)$, $Pr(A)$, $Pr(X\in A)$ 등으로 나타낸다. 확률을 수학적 확률, 통계적 확률, 공리적 확률로 구태여 구분하여 정의하기도 한다.

정의 3.1.1 수학적 확률(고전적 확률)

표본공간 $S=\{e_1, e_2, \ldots, e_N\}$가 유한하고, 근원사건 $\{e_i\}$가 일어날 가능성이 동일한 경우에 한정하여 수학적 확률을 정의하고, 사건 A가 일어날 수학적 확률은

$$P(A)=\frac{n(A)}{n(S)}=\frac{\text{사건 } A\text{에 속하는 원소의 수}}{N}$$

이다(라플라스 확률이라고도 한다).

예제 3.1.5 한 개의 주사위를 던지는 실험에서 표본공간 $S=\{1,2,3,4,5,6\}$이고, 주사위가 정상적이라면 근원사상 $\{1\},\{2\},\{3\},\{4\},\{5\},\{6\}$이 일어날 가능성이 동일하다.
사건 $A=\{1,2,3\}, B=\{2\}, C=\{2,4\}$의 수학적 확률을 구하라.

풀이 $P(A)=\frac{3}{6}, P(B)=\frac{1}{6}, P(C)=\frac{2}{6}$ 이다.

연습문제 3.1.6 다음의 임의실험에서 수학적 확률을 구할 수 있으면 구하라.

(1) 20의 양의 약수 중에서 임의로 하나를 선택할 때, 그 수가 홀수인 사건의 확률을 구

하라. (답) $\left(\frac{2}{6}=\frac{1}{3}\right)$

(2) 3개의 정상적인 동전을 던지는 실험에서 뒷면이 한번 나타날 사건의 확률을 구하라.

(답) $\left(\frac{3}{8}\right)$

(3) 윷을 던지는 실험에서 '모'가 나올 확률을 구하라.

(답) '또', '개', '걸', '윷', '모'가 나올 가능성이 동일하면 수학적 확률을 구할 수 있지만, 동일하지 않으므로 구할 수 없다.

(4) 중학교 3학년 학생의 키가 170cm 이상일 확률을 구하라.

(답) 표본공간이 유한하지 않으므로 수학적 확률을 구할 수 없다.

표본공간이 유한하고 근원사건이 일어날 가능성이 동일한 경우에는 수학적 확률을 정의할 수 있고, 이때의 수학적 확률은 상대도수로 계산 할 수 있다. 그러나 자연현상이나 사회현상에서 일어나는 사건은 그렇지 않은 경우가 많으므로 수학적 확률로 설명할 수 없는 경우가 대부분이다. 그래서 상대도수가 일정한 값에 수렴한다는 가정 하에서 통계적 확률을 정의하거나, 공리를 가정하여 공리적 확률을 정의하여 이런 문제점을 해결한다.

정의 3.1.2 통계적 확률(경험적 확률)

임의실험을 n번 시행했을 때 사건 A가 나타난 횟수가 $n(\mathrm{A})$일 때, 통계적 확률은

$$P(A)=\lim_{n\to\infty}\frac{n(A)}{n}=p$$

이다(경험적 확률이라고도 한다).

그러나 예를 들어서 어떤 공장에서 생산한 형광등의 수명이 일 년 이상일 확률, 인간이 60세 이상 생존할 확률, 중학교 1학년 학생의 체중이 50kg 이상일 확률 등은 수학적 확률 또는 통계적 확률로 명백하게 구할 수 없다. 그래서 콜모고로프(Kolmogorov, A.N.; 1903~1987)는 확률의 개념과 일치하는 공리들을 이용하여 정의하였다.

정의 3.1.3 공리적 확률

다음의 공리를 만족하는 표본공간 S 의 사건에 정의된 실수값을 갖는 집합함수 $P(.)$를 **확률집합함수**(probability set function)라 하고, 사건 A에 대응하는 $P(A)$를 A의 확률(probability)이라 한다.

(공리 1) $P(A) \geq 0$

(공리 2) $P(S) = 1$

(공리 3) 사건 $A_1, A_2, \cdots, A_n, \cdots$들이 $i \neq j$에 대하여 상호배반사건이면

$$P(\bigcup_{i=1}^{\infty} A_i) = \sum_{i=1}^{\infty} P(A_i)$$

예제 3.1.7 1개의 주사위를 던지는 실험에서 표본공간 $S = \{1, 2, 3, 4, 5, 6\}$이고, 주사위가 정상적이라면 사건 $A = \{1,2,3\}, B = \{2\}, C = \{2, 4\}$의 공리적 확률을 구하라.

풀이 $\{1\}, \{2\}, \{3\}, \{4\}, \{5\}, \{6\}$이 일어날 가능성이 동일하므로, $P(\{1\}) = P(\{2\}) = \ldots = P(\{6\}) = p$라 두면,

$$1 = P(S) = P(\{1\}) + \ldots + P(\{6\}) = 6p \qquad \text{(공리 2, 공리 3)}$$

즉, $P(\{1\}) = P(\{2\}) = \ldots = P(\{6\}) = p = \frac{1}{6}$이다.

그러므로 $P(A) = P(\{1,2,3\}) = P(\{1\} \cup \{2\} \cup \{3\})$ (공리 3)

$$= P(\{1\}) + P(\{2\}) + P(\{3\}) = \frac{1}{2}$$

마찬가지로, $P(B) = \frac{1}{6}$, $P(C) = \frac{1}{3}$이 된다.

3.2 확률의 성질

확률의 몇 가지 중요한 성질들을 살펴보자.

정리 3.2.1 여사건의 확률

사건 A에 대하여 $P(A^c) = 1 - P(A)$이다.

증명

$S = A \cup A^c$이고, A와 A^c는 상호배반사건이므로 (공리 3)과 (공리 2)에 의하여

$1 = P\{S\} = P\{A \cup A^c\} = P\{A\} + P\{A^c\}$가 된다.

그러므로 $P(A^c) = 1 - P(A)$.

정리 3.2.2 공사건의 확률

공사건 $\varnothing$에 대하여 $P(\varnothing) = 0$이다.

증명

$S \cup \varnothing = S$이고, $S \cap \varnothing = \varnothing$이므로,

$1 = P(S) = P\{S \cup \varnothing\} = P(S) + P(\varnothing) = 1 + P(\varnothing)$ (공리 2, 3)

그러므로 $P(\varnothing) = 0$이다.

정리 3.2.3 합사건의 확률

임의 두 사건 A, B에 대하여 $P(A \cup B) = P(A) + P(B) - P(A \cap B)$이다.

증명

$A \cup B = A \cup (A^c \cap B)$이고 A와 $(A^c \cap B)$는 상호배반사건이므로 (공리 3)에 의해

$P(A \cup B) = P(A \cup (A^c \cap B)) = P(A) + P((A^c \cap B))$가 된다.

한편 $B = (A \cap B) \cup (A^c \cap B)$이고 $(A \cap B) \cap (A^c \cap B) = \varnothing$이므로

$P(B) = P(A \cap B) + P(A^c \cap B)$가 된다.

따라서 두 식을 대입하면 $P(A \cup B) = P(A) + P(B) - P(A \cap B)$이다.

따름정리 3.2.4

임의 세 사건 A, B, C에 대하여

$$P(A \cup B \cup C) = P(A) + P(B) + P(C) - P(A \cap B) - P(B \cap C) - P(C \cap A) + P(A \cap B \cap C)$$

증명

$A \cup B \cup C = A \cup (B \cup C)$로 하여 정리 3.2.3을 적용하면 된다.

정리 3.2.5 부분사건의 확률

임의의 두 사건 A, B 에 대하여 $A \subseteq B$이면, $P(A) \le P(B)$ 이다.

증명

$B = A \cup (A^c \cap B)$이고 A와 $(A^c \cap B)$는 상호배반사건이므로 (공리 3)에 의해 $P(B) = P(A) + P(A^c \cap B)$이고, (공리 1)에 의해 $P(A^c \cap B) \ge 0$이다.
그러므로 $P(A) \le P(B)$ 이다.

따름정리 3.2.6

사건 A에 대하여, $P(A) \le 1$ 이다.

증명

$A \subseteq S$ 이므로 정리 3.2.5와 (공리 2)에 의해 성립한다.

정리 3.2.7 부울의 부등식(Boole's inequality)

사건 $A_1, A_2, \ldots$에 대하여 다음 부등식이 성립한다.

$$P\left(\bigcup_{i=1}^{\infty} A_i\right) \le \sum_{i=1}^{\infty} P(A_i)$$

증명

$B_1 = A_1, B_2 = A_2 \cap A_1^c, \ldots, B_i = A_i \cap (\bigcup_{j=1}^{i-1} A_j)^c$라 하면, $\bigcup_{i=1}^{\infty} A_i = \bigcup_{i=1}^{\infty} B_i$이고 $B_1, B_2, \ldots$는 상호배반이므로 $P(\bigcup_{i=1}^{\infty} A_i) = P(\bigcup_{i=1}^{\infty} B_i) = \sum_{i=1}^{\infty} P(B_i)$가 된다. 그런데 모든 i에 대하여 $B_i \subseteq A_i$이므로 $P(B_i) \le P(A_i)$이다. 그러므로 $P(\bigcup_{i=1}^{\infty} A_i) \le \sum_{i=1}^{\infty} P(A_i)$가 성립한다.

정리 3.2.8 본페로니 부등식(Bonferroni's inequality)

사건 $A_1, A_2, \ldots A_n$에 대하여 다음 부등식이 성립한다.

$$P(\bigcap_{i=1}^{n} A_n) \ge 1 - \sum_{i=1}^{n} P(A_i^c)$$

증명

$$P(\bigcap_{i=1}^{n} A_n) = P[(\bigcup_{i=1}^{n} A_i^c)^c] \qquad \text{(드모르간의 법칙)}$$

$$= 1 - P(\bigcup_{i=1}^{n} A_i^c) \ge 1 - \sum_{i=1}^{n} P(A_i^c) \qquad \text{(부울의 부등식)}$$

예제 3.2.1 트럼프의 카드(52매) 중에서 임의로 1매를 뽑을 때 에이스일 사건을 A, 스페이드일 사건을 B라 하자(에이스는 4장, 스페이드는 13장이다).

(1) A와 B는 서로 배반사건인가?

(2) A와 B 중 적어도 하나가 나타날 확률을 구하라.

(3) 사건 B가 주어진 가운데 사건 A가 일어날 확률은?

풀이

(1) $A \cap B = \frac{1}{52} \neq \varnothing$ 이므로 배반사건이 아니다.

(2) $P(A \cup B) = P(A) + P(B) - P(A \cap B) = \frac{1}{13} + \frac{1}{4} - \frac{1}{52} = \frac{4}{13}$

(3) $P(A|B) = \frac{P(A \cap B)}{P(B)} = \frac{1/52}{1/4} = \frac{1}{13}$

연습문제 3.2.2 사건 $A = \{1,2,3\}$, $B = \{2\}$, $C = \{2, 4\}$에 대하여, $P(A) = \frac{1}{2}$, $P(B) = \frac{1}{6}$, $P(C) = \frac{1}{3}$일 때 다음을 구하라.

(1) $P(A \cup B)$

(2) $P(A \cap B), P(B \cap C), P(C \cap A)$

(3) $P(A \cap B \cap C)$

(4) $P(A \cup B \cup C)$를 따름정리 3.2.4를 적용하여 구하라.

연습문제 3.2.3 스페이드, 하트, 클로버, 다이아몬드가 각각 13장씩 총 52장의 카드 모임에서 이들 각각이 추출될 확률이 1/52이다. 복원추출로 두 장을 뽑았을 때 A는 모두 스페이드인 사건, B는 5와 6인 사건, C는 모두 다이아몬드인 사건이다.

(1) $P(A \cap B)$

(2) $P(A \cup B)$

(3) $P(B \cap C)$

(4) $P(A \cap C)$

(5) $P(A \cap B \cap C)$

(6) 비복원추출인 경우의 확률을 구하라.

3.3 조건부 확률과 독립사건

여기서는 조건부 확률과 사건의 독립에 대해 알아보고자 한다. 어떤 임의실험에서는 표본공간 S의 한 부분집합 B의 원소에만 관심이 있는 경우가 있다. 이 경우에는 사건 B가 새로운 표본공간이 되고, 사건 B가 주어진 가운데 사건 A가 일어날 확률을 조건부 확률 $P(A|B)$로 표현한다. 그러면 $P(S):P(A|B) = P(B):P(A\cap B)$로 생각할 수 있으므로 조건부 확률을 다음과 같이 정의할 수 있다.

정의 3.3.1 조건부 확률(conditional probability)

사건 B가 주어졌을 때 사건 A의 조건부 확률을 $P(A|B)$로 표시하고

$$P(A|B) = \frac{P(A\cap B)}{P(B)}, \quad (P(B) > 0)$$

로 정의한다.

위에 정의한 조건부 확률이 확률의 공리 3가지를 모두 만족하므로 조건부 확률도 확률집합함수(probability set function)가 된다. 왜냐하면

(공리 1) $P(A|B) = \dfrac{P(A\cap B)}{P(B)} \geq 0$

(공리 2) $P(S|B) = \dfrac{P(S\cap B)}{P(B)} = \dfrac{P(B)}{P(B)} = 1$

(공리 3) 사건 $A_1, A_2, \ldots, A_n, \ldots$가 상호배반 사건이면,

$$P(\bigcup_{i=1}^{\infty} A_i|B) = \frac{P((\bigcup_{i=1}^{\infty} A_i)\cap B)}{P(B)} = \frac{P((\bigcup_{i=1}^{\infty}(A_i\cap B))}{P(B)}$$

그런데 $A_1\cap B, A_2\cap B, \ldots, A_n\cap B, \ldots$가 상호배반사건이므로

$$P(\bigcup_{i=1}^{\infty} A_i|B) == \sum_{i=1}^{\infty}\frac{P(A_i\cap B)}{P(B)} = \sum_{i=1}^{\infty}P(A_i|B)$$

가 성립한다. 그러므로 조건부 확률도 확률의 성질을 모두 만족하게 된다.

(1) $P(A^c|B) = 1 - P(A|B)$

(2) $P(\varnothing | B) = 0$

(3) $P(A_1 \cup A_2 | B) = P(A_1|B) + P(A_2|B) - P(A_1 \cap A_2|B)$

정리 3.3.2 곱셈정리(multiplication theorem)

어떤 사건 A, B가 $P(A) > 0$ $P(B) > 0$일 때,

$$P(A \cap B) = P(A)P(B|A) = P(B)P(A|B)$$

가 성립한다.

위의 곱셈정리는 다음과 같이 확장하여 생각할 수 있다. 사건 $A_1, A_2, \ldots, A_n$에서 $P(A_i) > 0, (i = 1, 2, \ldots, n)$에 대하여

$$P(A_1 \cap A_2 \cap \cdots \cap A_n) = P(A_1)P(A_2|A_1)P(A_3|A_1 \cap A_2) \ldots P(A_n|A_1 \cap \cdots \cap A_{n-1})$$

가 성립한다.

예제 3.3.1 스페이드, 하트, 클로버, 다이아몬드가 각각 13장씩 총 52장의 카드 모임에서 이들 각각이 추출될 확률이 1/52이다.

(1) 비복원추출로 두 장을 뽑았을 때 두 장 모두 스페이드일 확률을 구하라.

(2) 세 장을 추출했을 때 세 장 모두 스페이드일 확률을 구하라.

풀이 사건 A는 첫 번째 추출에서 스페이드가 추출될 사건, 사건 B는 두 번째 추출에서 스페이드가 추출될 사건, 사건 C는 세 번째 추출에서 스페이드가 나타날 사건이라고 하자.

(1) 구하고자 하는 확률은 $P(A \cap B)$이므로 곱셈의 정리를 이용하면

$P(A \cap B) = P(A)P(B|A) = \frac{13}{52} \times \frac{12}{51}$이 된다.

(2) 구하고자 하는 확률은 $P(A \cap B \cap C) = P(A)P(B|A)P(C|A \cap B)$

$$= \frac{13}{52} \times \frac{12}{51} \times \frac{11}{50}$$

다음으로 사건의 독립에 대해 생각해 보자. 두 사건 A, B가 독립적이라면 사건 A가 주어진 가운데 사건 B가 일어날 조건부 확률 $P(B|A) = P(B)$가 되어야 하므로 사건의

독립을 다음과 같이 정의할 수 있다.

정의 3.3.3 독립 사건(independent event)

두 사건 A, B 가 다음 조건을 만족할 때 두 사건은 독립이라고 한다.

$$P(A\cap B) = P(A)P(B)$$

예제 3.3.2 스페이드, 하트, 클로버, 다이아몬드가 각각 13장씩 총 52장의 카드 모임에서 이들 각각이 추출될 확률이 1/52이다. 사건 A는 스페이드가 추출될 사건, 사건 B는 5가 추출될 사건이라 할 때 두 사건은 독립인가?

풀이 $P(A) = \frac{13}{52}$, $P(B) = \frac{4}{52}$이고, $P(A\cap B) = \frac{1}{52}$이다.

$P(A\cap B) = \frac{1}{52} = P(A)P(B)$가 성립하므로 두 사건은 독립이다.

정리 3.3.4 독립 사건의 성질

두 사건 A, B 가 독립이면 다음 사건들도 독립이다.

(1) A와 B^c

(2) A^c와 B^c

증명 (1) $A = A\cap(B\cup B^c) = (A\cap B)\cup(A\cap B^c)$이고 $(A\cap B), (A\cap B^c)$은 상호배반 사건이므로 $P(A) = P(A\cap B) + P(A\cap B^c)$이다. 여기에서

$$\begin{aligned} P(A\cap B^c) &= P(A) - P(A\cap B) = P(A) - P(A)P(B) \qquad (A\text{와 } B\text{는 독립}) \\ &= P(A)(1-P(B)) = P(A)P(B^c) \end{aligned}$$

그러므로 A와 B^c는 독립이다.

(2)
$$\begin{aligned} P(A^c\cap B^c) &= P((A\cup B)^c) = 1 - P((A\cup B)) \\ &= 1 - P(A) - P(B) + P(A\cap B) \\ &= 1 - P(A) - P(B) + P(A)P(B) \\ &= (1-P(A))(1-P(B)) \\ &= P(A^c)P(B^c) \end{aligned}$$

그러므로 A^c와 B^c는 독립이다.

정의 3.3.5

쌍별로 독립(pairwise independent), 상호독립(mutually independent)

사건 $A_1, A_2, \ldots, A_n$에 대하여

(1) 모든 $i \neq j$ 에 대하여 $P(A_i \cap A_j) = P(A_i)P(A_j)$이면 쌍별로 독립.

(2) 모든 부분집합 $A_{i_1}, A_{i_2}, \cdots, A_{i_k}$, $k = 1, 2, \ldots, n$에 대하여

$P(A_{i_1} \cap A_{i_2} \cap \cdots \cap A_{i_k}) = P(A_{i_1})P(A_{i_2})\ldots P(A_{i_k})$가 성립하면 상호독립이라 한다.

예제 3.3.3 표본공간 $S = \{3, 4, 5, 6\}$에서 각 숫자가 나타날 가능성은 동일하다. 사건 $A = \{3, 4\}$, $B = \{3, 5\}$, $C = \{3, 6\}$이라고 하면

$$P(A \cap B) = P(B \cap C) = P(C \cap A) = P(\{3\}) = \frac{1}{4}$$

$$P(A)P(B) = P(B)P(C) = P(C)P(A) = \frac{1}{2}\frac{1}{2} = \frac{1}{4}$$

이므로 A, B, C는 쌍별로는 독립이다. 그러나

$$P(A \cap B \cap C) = P(\{3\}) = \frac{1}{4} \neq \frac{1}{2}\frac{1}{2}\frac{1}{2} = P(A)P(B)P(C)$$

이므로 상호독립은 아니다.

3.4 베이즈의 법칙

여기서는 조건부 확률의 응용으로써 베이즈 법칙을 알아보고자 한다. 베이즈 법칙을 유도하기 위하여 표본공간의 분할(partition)을 정의하고, 전확률법칙과 베이즈 법칙을 증명한다.

정의 3.4.1 표본공간의 분할(partition)

사건 $A_1, A_2, \ldots, A_n$이 다음 조건을 만족할 때 표본공간 S를 분할(partition)한다고 한다.

(1) 모든 $i \neq j$ 에 대하여 $A_i \cap A_j = \varnothing$: 상호배반(mutually exclusive)

(2) $S = \bigcup_{i=1}^{n} A_i$: 포괄적(exhaustive)

사건 $A_1, A_2, \ldots, A_n$가 표본공간 S를 분할했을 때, 사건 $B \subseteq S$는 $B = B \cap S = B \cap (\bigcup_{i=1}^{n} A_i) = \bigcup_{i=1}^{n} (B \cap A_i)$이고, $(B \cap A_i)$들이 상호배반사건이 되므로

$P(B) = P(\bigcup_{i=1}^{n} (B \cap A_i)) = \sum_{i=1}^{n} P(B \cap A_i) = \sum_{i=1}^{n} P(A_i)P(B|A_i)$가 되므로 전확률의 법칙(total probability rule)을 얻을 수 있다.

정리 3.4.2 전확률의 법칙(total probability rule)

사건 $A_1, A_2, \ldots, A_n$이 표본공간 S를 분할(partition)할 때, 사건 B의 확률은

$P(B) = \sum_{i=1}^{n} P(A_i)P(B|A_i)$이다.

사건 $A_1, A_2, \ldots, A_n$가 표본공간 S를 분할했을 때, 조건부 확률 $P(A_k|B)$는

$$P(A_k|B) = \frac{P(A_k \cap B)}{P(B)} = \frac{P(B|A_k)P(A_k)}{\sum_{i=1}^{n} P(B|A_i)P(A_i)}$$

로 표현할 수 있으므로 베이즈 법칙을 유도 할 수 있다. 이때 A_k를 사전확률(prior probability)이라 하고, 조건부 확률 $P(A_k|B)$

를 사건 A_k의 사후확률(posterior probability)이라 한다. 그러므로 베이즈 법칙은 사후확률을 사전확률들을 이용하여 구할 수 있음을 보여준다.

정리 3.4.3 베이즈 법칙(Bayes' rule)

사건 $A_1, A_2, \ldots, A_n$이 표본공간 S를 분할(partition)할 때, 주어진 B에서 A_k의 조건부 확률 $P(A_k|B)$는 $k=1,\ldots,n$에 대하여 다음이 성립한다.

$$P(A_k|B) = \frac{P(A_k \cap B)}{P(B)} = \frac{P(B|A_k)P(A_k)}{\sum_{i=1}^{n} P(B|A_i)P(A_i)}$$

예제 3.4.1 어떤 제약회사에서 혈액 암을 진단하는 약을 개발하였는데 혈액 암에 걸린 사람들은 99% 양성 반응을 나타내고 아닌 사람들은 5%의 양성반응이 나타났다고 한다. 실제로 모집단의 0.005%가 혈액 암에 걸려 있다고 하자. 검사 결과 양성 반응이 나타났다면 실제로 혈액 암에 걸렸을 확률은 얼마인가?

풀이 사건 A는 혈액 암에 걸려 있는 사건, 사건 B는 검사에서 양성반응이 나타난 사건이라 하면, $P(A)=0.00005$, $P(B|A)=0.99$, $P(B|A^c)=0.05$이므로, 구하는 확률은

$$P(A|B) = \frac{P(B|A)P(A)}{P(B|A)P(A)+P(B|A^c)P(A^c)}$$

$$= \frac{0.99 \times 0.00005}{0.99 \times 0.00005 + 0.05 \times 0.99995} = \frac{495}{500,470} = 0.00098907$$

예제에서 양성반응이 나타났더라도 실제로 혈액 암에 걸린 확률은 매우 낮음을 알 수 있다. 걸린 사람이 양성반응을 나타낼 확률이 99%로써 매우 높고 아닌 사람이 양성반응을 나타낼 확률은 5%이므로, 어떤 사람이 양성반응이 나타났다면 우리는 혈액 암에 걸려 있을 확률이 상당히 높을 것으로 생각하는데 실제로는 그렇지 않음을 보여주는 것으로 그 이유는 사전 확률, 즉 혈액 암에 걸려 있을 확률이 0.005%로써 매우 낮기 때문이다. 그러므로 사회 현상을 파악할 때 사전 확률을 고려할 필요가 있으며, 이러한 통계적 방법을 연구하는 학파를 베이지안 학파라고도 한다.

예제 3.4.2 어떤 시험의 선다형 문제에서 학생은 정답을 알거나 추측한다. 학생이 정답을 알고 있을 확률은 0.6이고 문제의 보기는 4개라고 한다. 한 학생이 답을 맞혔을 때, 그 학생이 답을 알고 있었을 확률을 구하라.

풀이 A: 정답을 알고 있는 사건. B: 정답을 맞히는 사건.
구하고자 하는 확률은

$$P(A) = 0.6,\ P(A^c) = 0.4,\ P(B|A) = 1,\ P(B|A^c) = 0.25$$

$$P(A|B) = \frac{P(B|A)P(A)}{P(B|A)P(A) + P(B|A^c)P(A^c)} = \frac{1 \times 0.6}{1 \times 0.6 + 0.25 \times 0.4} = \frac{6}{7}$$

예제 3.4.3 어떤 대학교에서 학생들의 등교 방법을 조사하였더니 지하철 20%, 버스 30%, 도보 50%로 나타났다. 각각의 등교 방법에서 3%, 10%, 1%가 지각한다고 하자. 한 학생을 임의로 선택했을 때 다음 물음에 답하라.

(1) 지각했을 확률은?

(2) 지각했을 때 도보로 왔을 확률은?

(3) 지각했을 때 어떤 등교 방법을 선택 했을 확률이 제일 높은가?

풀이 사건 A_1, A_2, A_3는 각각 지하철, 버스, 도보로 등교했을 사건이고, 사건 B는 지각했을 사건이라 하자.

$$P(A_1) = 0.2,\ P(A_2) = 0.3,\ P(A_3) = 0.5$$

$$P(B|A_1) = 0.03,\ P(B|A_2) = 0.1,\ P(B|A_3) = 0.01,$$

(1) 전확률의 법칙에 의해서

$$P(B) = P(B|A_1)P(A_1) + P(B|A_2)P(A_2) + P(B|A_3)P(A_3)$$

$$= 0.03(0.2) + 0.1(0.3) + 0.01(0.5) = 0.041$$

(2) 베이즈 법칙을 적용하면

$$P(A_3|B) = \frac{P(B|A_3)P(A_3)}{P(B|A_1)P(A_1) + P(B|A_2)P(A_2) + P(B|A_3)P(A_3)}$$

$$= \frac{0.01(0.5)}{0.041} = 0.12195122$$

(3) 같은 방법으로 구해 보면 다음과 같으므로 버스를 타고 왔을 가능성이 가장 높다.

$$P(A_1|B) = \frac{0.03(0.2)}{0.041} = 0.14634146,$$

$$P(A_2|B) = \frac{0.1(0.3)}{0.041} = 0.73170732$$

제4장

확률변수

4.1 확률변수
4.2 확률밀도함수
4.3 수학적 기댓값
4.4 적률생성함수

4.1 확률 변수

표본공간에서 관심 있는 사건들이 일어날 확률을 나타내는 수학적 모형을 찾는 것이 우리들의 목적인데, 수학식은 성별, 색깔, 앞뒷면 등 문자보다는 수치로 표현되어야 하므로 표본공간의 실현 값을 실수값에 대응시키는 어떤 함수를 정의하는 것이 편리하다. 그래서 표본공간상에서 정의된 실수값 함수를 **확률변수**(random variable)라 하고, 이 확률변수에 대하여 확률모형을 세우고 확률을 계산한다. 표본공간을 이산표본공간과 연속표본공간으로 구분하였듯이 확률변수도 **이산확률변수**(discrete random variable)와 **연속확률변수**(continuous random variable)로 구분할 수 있는데, 확률변수의 가능한 값들이 유한개이거나 셀 수 있는 무한개(가산무한개)일 경우에는 이산확률변수라 하고, 셀 수 없을 때, 즉 어떤 구간의 모든 실수값인 경우에는 연속확률변수라 한다.

정의 4.1.1 확률변수(random variable)

표본공간 S 상에서 정의된 실수값 함수 X 를 확률변수라 한다.
즉, 각 원소 $e \in S$ 에 대해 오직 하나의 실수값 $X(e) = x$를 대응시키는 함수 X.
X 의 공간은 실수의 집합 $\{x \in R : x = X(e), e \in S\}$ 이다.

표본공간 S에서 사건 E 에 정의된 확률(확률집합함수)를 $P(E)$라고 하면, 확률변수 X 의 공간에서 확률은 $P_X(A) = P(E), E = \{e \in S | X(e) \in A\}$로 구할 수 있고, $P_X(A)$도 또한 확률집합함수이다. 앞으로는 $X(e) = x$를 $X = x$로 나타낸다. 그러면 $P_X(A) = \Pr[X \in A]$, 즉 X가 A에 속할 확률이다.

예제 4.1.1 동전을 두 번 던지는 임의실험에서 이산표본공간 $S = \{HH, HT, TH, TT\}$이고 등 확률을 가진다고 하자. 우리의 관심이 앞면의 수에 있다면 확률변수 X는 앞면의 수로 두고 X의 공간은 $\{x | x = 0, 1, 2\}$가 되며 확률은 다음 표와 같다.

x	0	1	2
$Pr[X = x]$	1/4	2/4	1/4

예제 4.1.2 연속표본공간 $S=\{e|0\le e\le 1\}$이고 확률 $P(E)=\int_E 1dz$이다. 확률변수 X를 $X(e)=2e+3$으로 정의했을 때 X의 공간에서의 확률 $P_X(A)=\int_A \frac{1}{2}dx$가 된다.

풀이 X의 공간은 $\{x|3\le x\le 5\}$이고, $A=\{x|3\le x\le a\}$라 두면
$P_X(A)=\Pr[X\in A]=P(E)$, $E=\left\{e|0\le e\le \frac{a-3}{2}\right\}$이므로

$$P_X(A)=\int_0^{\frac{a-3}{2}} 1dz=\int_3^a \frac{1}{2}dx, \quad (x=2z+3 \text{ 치환}).$$

정의 4.1.2 누적분포함수(cumulative distribution function)

확률변수 X의 누적분포함수는 $F(x)=\Pr[X\le x]$이다.

누적분포함수(cumulative distribution function: cdf)를 분포함수(distribution function: df)라 하기도 한다. 누적분포함수는 다음과 같은 성질을 가진다.

(1) $\lim_{x\to-\infty} F(x)=0$, $\lim_{x\to\infty} F(x)=1$

(2) $F(x)$는 우측연속이며, 비감소함수(nondecreasing function)이다.

(3) $\Pr[a<X\le b]=F(b)-F(a)$

연습문제 4.1.3 예제 4.1.1에서 누적분포함수를 구하라.

4.2 확률밀도함수

본 절에서는 확률변수의 확률을 구할 때 사용되는 **확률밀도함수**(probability density function)에 대하여 알아보고자 한다. 확률밀도함수는 이산확률변수일 경우에는 **확률질량함수**(probability mass function)라고 구분하여 부르기도 한다. 그러나 같은 역할을 하므로 이 책에서는 구분하지 않고 그냥 확률밀도함수(pdf)라고 정의한다. 우리는 확률변수의 확률밀도함수를 알고 있으면 확률, 기댓값, 누적분포함수 등을 구할 수 있으며, 분포를 특정 할 수 있다. 즉 같은 확률밀도함수를 가지는 분포는 동일하다.

정의 4.2.1 이산확률변수(random variable), 확률질량함수(probability mass function)

확률변수 X의 공간이 가산집합, $\{x_1, x_2, \ldots, x_n, \ldots\}$일 때 이산확률변수라 한다.
확률질량함수 $f(x) = \Pr[X = x],\ \ x = x_1,\ x_2, \ldots$로 정의한다.

예제 4.2.1 성공할 확률이 p인 임의실험에서 확률변수 X를 성공했을 때 1, 실패했을 때 0이라고 하면 X의 공간은 $\{x \mid x = 0, 1\}$이고 확률질량함수는 다음과 같다.

$$f(x) = p^x (1-p)^{1-x} \quad (x = 0, 1)$$

누적분포함수는 $F(x) = \begin{cases} 0, & x < 0 \\ 1-p, & 0 \le x < 1 \\ 1, & 1 \le x \end{cases}$이다.

이러한 확률질량함수를 가지는 이산확률변수는 베르누이분포이다.

이산확률변수의 확률질량함수는 다음 조건을 만족하여야 한다.

(1) $f(x) \ge 0$

(2) $\sum_x f(x) = 1$

예제 4.2.2 정상적인 주사위를 던져 윗면에 나타난 숫자를 확률변수 X로 했을 때 물음에 답하라.

(1) 확률질량함수를 찾아라.

(2) 짝수가 나타날 확률을 구하라.

풀이

(1) 확률질량함수 $f(x) = \frac{1}{6} \quad (x = 1, 2, ..., 6)$

(2) $\Pr[X = 2,4,6] = f(2) + f(4) + f(6) = \frac{1}{2}$

예제 4.2.3 이산확률변수 X의 확률질량함수가 다음과 같다.

$$f(x) = kx, \quad (x = 1,2,3)$$

(1) 상수 k의 값을 구하라.

(2) 누적분포함수를 구하라.

풀이

(1) $1 = \sum_{x=1}^{3} f(x) = 6k$이므로 $k = \frac{1}{6}$이다.

(2) $F(x) = \begin{cases} 0, & x < 1 \\ 1/6, & 1 \le x < 2 \\ 3/6, & 2 \le x < 3 \\ 1 & 3 \le x \end{cases}$

이산확률변수의 누적분포함수는 계단식 함수(step function)이고, 다음과 같은 성질을 가진다. X의 가능한 값들이 $x_1 < x_2 < \dots < x_n < \dots$일 때 다음과 같다.

(1) $F(x) = \begin{cases} 0, & x < x_1 \\ \sum_{x_i \le x} f(x_i), & x_1 \le x \end{cases}$

(2) $f(x_i) = F(x_i) - F(x_{i-1}), \quad (i > 1)$

정의 4.2.2 연속확률변수(continuous random variable), 확률밀도함수(probability density function)

확률변수 X의 누적분포함수를 $F(x)$라 했을 때 다음과 같은 확률밀도함수(pdf) $f(x)$가 존재하면 연속확률변수라 한다.

$$F(x) = \int_{-\infty}^{x} f(t)dt$$

이산확률변수의 공간은 유한집합이거나 가산 무한집합이다. 그러나 확률변수 X의 값들의 집합이 셀 수 없는 경우가 있다. 예를 들어 사람의 수명, 몸무게, 키, 시간 등은 구간의 실수값으로 나타난다. 이들은 연속확률변수가 된다. 연속확률변수에서 확률밀도함수의 성질은 다음과 같다.

(1) 도함수가 존재하면, X의 pdf는 $f(x) = \frac{d}{dx}F(x)$이다.

(2) X의 pdf $f(x)$는 다음 조건을 만족해야 한다.

(a) $f(x) \geq 0, \quad (-\infty < x < \infty)$

(b) $\int_{-\infty}^{\infty} f(x)dx = 1$

(3) $\Pr[a \leq X \leq b] = \int_{a}^{b} f(x)dx$, $\Pr[X = a] = f(a) = 0$이다. 그러므로

$$\begin{aligned}\Pr[a < X < b] &= \Pr[a \leq X \leq b] = \Pr[a \leq X < b] \\ &= \Pr[a < X \leq b] = F(b) - F(a)\end{aligned}$$

예제 4.2.4 확률변수 X의 확률밀도함수가 다음과 같을 때 물음에 답하라.

$$\text{pdf } f(x) = kx, \quad (1 \leq x \leq 2)$$

(1) k의 값을 구하라.

(2) 확률 $\Pr[1 \leq X < 1.5]$

(3) 누적분포함수(cdf)

풀이

(1) $1=\int_{-\infty}^{\infty} f(x)dx=\int_{1}^{2} kxdx=\left[\frac{1}{2}kx^2\right]_1^2=\frac{3}{2}k$이므로 $k=\frac{2}{3}$이다.

(2) $\Pr[1 \le X < 1.5]=\int_{1}^{1.5}\frac{2}{3}xdx=\frac{5}{12}$

(3) $F(x)=\int_{-\infty}^{x} f(t)dt=\begin{cases} 0, & x<1 \\ \int_{1}^{x}\frac{2}{3}tdt=\frac{(x-1)}{3}, & 1\le x<2 \\ 1, & 2\le x \end{cases}$

예제 4.2.5 어떤 제품의 수명에 관한 확률변수 X의 누적분포함수가 다음과 같다.

$$F(x)=1-e^{-2x},\quad (0\le x<\infty)$$

확률밀도함수를 구하라.

풀이 확률밀도함수(pdf)는 $f(x)=\frac{d}{dx}F(x)=2e^{-2x},\quad (0\le x<\infty)$이다.

연습문제 4.2.6 확률변수 X의 pdf $f(x)=k,\ (0\le x\le 1)$이다.

(1) k를 구하고, 확률 $\Pr[-1<X<0.5]$를 계산하라.

(2) 누적분포함수를 구하고 그래프를 그려라.

특별한 이산확률변수는 이항분포, 초기하분포, 기하분포, 음이항분포, 포아송 분포 등이 있으며, 특별한 연속확률변수는 균등분포, 정규분포, 지수분포, 감마분포, t-분포, F-분포, 카이제곱분포 등이 있다. 이들 분포는 실제의 문제를 다루는 통계적 추론에 많이 이용된다. 이들 분포에 대한 상세한 내용은 다음에 다루기로 한다.

4.3 수학적 기댓값

본 절에서는 **수학적 기댓값**(mathematical expectation)을 알아보기로 한다. 확률분포의 특성을 요약하는 값으로 평균, 표준편차, 왜도, 첨도 등을 사용하는데 이들 특성값은 수학적 기댓값을 이용하여 구할 수 있다.

정의 4.3.1 수학적 기댓값(mathematical expectation)

확률변수 X의 pdf (또는 pmf)가 $f(x)$이고, 함수 $u(X)$에 대하여

$$E(u(X)) = \begin{cases} \int_{-\infty}^{\infty} u(x)f(x)dx & (\text{연속확률변수}) \\ \sum_x u(x)f(x) & (\text{이산확률변수}) \end{cases}$$

가 존재하면 $E(u(X))$를 $u(X)$의 수학적 기댓값이라 한다.

수학적 기댓값은 다음 성질을 가진다.

(1) $u_1(X)$, $u_2(X)$, 상수 k_1, k_2에 대하여, $E(k_1X+k_2)=k_1E(X)+k_2$이고
$E(k_1u_1(X)+k_2u_2(X))=k_1E(u_1(X)+k_2E(u_2(X))$이다.

(2) X의 함수 $Y=u(X)$는 확률변수로서 pdf(또는 pmf)가 $g(y)$이면,

$$E(u(X)) = E(Y) = \begin{cases} \int_{-\infty}^{\infty} yg(y)dy & (\text{연속확률변수}) \\ \sum_x yg(y) & (\text{이산확률변수}) \end{cases}$$

또한 Y의 기댓값은 $E(Y)=E(u(X)=\begin{cases} \int_{-\infty}^{\infty} u(x)f(x)dx & (\text{연속확률변수}) \\ \sum_x u(x)f(x) & (\text{이산확률변수}) \end{cases}$

로 구할 수도 있다.

(3) $E(X^k)$를 k차 적률(moment)이라 한다. 특히 1차 적률인 $\mu=E(X)$는 평균(mean)이고, $E((X-\mu)^k)$를 평균에 관한 k차 적률(moment about the mean)이라 한다.

(4) 분산(variance)은 평균에 관한 2-차 적률 $\sigma^2=E((X-\mu)^2)$로써 분포의 흩어진 정도

를 나타낸다. 특히 분산은 $\sigma^2 = Var(X) = E((X-\mu)^2) = E(X^2) - \mu^2$이다. 그리고 상수 a, b에 대하여 $Var(aX+b) = a^2 Var(X)$이다. 표준편차(stadard deviation)는 $\sigma = \sqrt{Var(X)}$이다.

(5) 분포의 비대칭도(또는 왜도, skewness)는 $\alpha = \dfrac{E((X-\mu)^3)}{\sigma^3}$로써 $\alpha > 0$이면 오른쪽으로 기울어진(skewed to the right) 분포, $\alpha = 0$이면 좌우대칭 분포, $\alpha < 0$이면 왼쪽으로 기울어진(skewed to the left) 분포이다.

(6) 분포의 뾰족한 정도를 나타내는 첨도(kurtosis)는 $\kappa = \dfrac{E((X-\mu)^4)}{\sigma^4} - 3$로써 표준정규분포의 첨도는 $\kappa = 0$이고 $\kappa < 0$이면 표준정규분포보다 덜 뾰족하고, $\kappa > 0$이면 표준정규분포보다 더 뾰족한 분포이다.

예제 4.3.1 이산확률변수 X의 확률질량함수가 다음과 같다.

$$f(x) = \frac{1}{6}x, \quad (x = 1, 2, 3)$$

(1) 평균과 분산을 구하라.
(2) 확률변수 $Y = \sqrt{X}$의 기댓값 $E(Y)$를 구하라.

풀이

(1) 평균은 $\mu = E(X) = \sum_{x=1}^{3} x\frac{1}{6}x = \dfrac{1^2+2^2+3^2}{6} = \dfrac{7}{3}$이고

$E(X^2) = \sum_{x=1}^{3} x^2\frac{1}{6}x = \dfrac{1^3+2^3+3^3}{6} = 6$이므로 분산 $\sigma^2 = E(X^2) - \mu^2 = \dfrac{11}{3}$이다.

(2) $E(Y) = E(\sqrt{X}) = \sum_{x=1}^{3} \sqrt{x}\frac{1}{6}x = \dfrac{1+2\sqrt{2}+3\sqrt{3}}{6}$이다.

예제 4.3.2 확률변수 X의 확률밀도함수가 다음과 같을 때 물음에 답하라.

$$\text{pdf } f(x) = \frac{2}{3}x, \quad (1 \le x \le 2)$$

(1) 평균과 분산을 구하라.
(2) 확률변수 $Y = 3X+2$의 평균과 분산을 구하라.

풀이

(1) 평균 $\mu = E(X) = \int_1^2 x\frac{2}{3}xdx = \frac{14}{9}$, $E(X^2) = \int_1^2 x^2\frac{2}{3}xdx = \frac{15}{6}$ 이므로

분산 $\sigma^2 = E(X^2) - \mu^2 = \frac{15}{6} - (\frac{14}{9})^2 = \frac{797}{162}$ 이다.

연습문제 4.3.3 다음을 증명하라.

(1) $u_1(X)$, $u_2(X)$, 상수 k_1, k_2에 대하여,

$$E(k_1u_1(X) + k_2u_2(X)) = k_1E(u_1(X) + k_2E(u_2(X)).$$

(2) X의 함수 $Y = u(X)$는 확률변수로서 pdf(또는 pmf)가 $g(y)$이면,

$$E(u(X)) = E(Y) = \begin{cases} \int_{-\infty}^{\infty} yg(y)dy & (\text{연속확률변수}) \\ \sum_x yg(y) & (\text{이산확률변수}) \end{cases}$$

(3) $E((X-\mu)^2) = E(X^2) - \mu^2$, $Var(aX+b) = a^2\,Var(X)$

적률을 이용하여 분포의 특성을 찾아낼 수 있을 뿐만 아니라 확률에 관한 부등식을 유도할 수 있다. 다음의 두 부등식은 분포의 평균과 분산을 이용하여 확률의 하한값과 상한값을 구한다.

정리 4.3.2 마코프 부등식(Markov's Inequality)

확률변수 X에서 $u(X) \ge 0$이고 $E(u(X))$가 존재할 때, 임의의 상수 $c > 0$에 대하여 $P[u(X) \ge c] \le \frac{E(u(X))}{c}$가 성립한다.

증명 (연속확률변수인 경우에 증명)

연속확률변수 X의 확률밀도함수가 $f(x)$이고, $A = \{x : u(x) \ge c\}$라 두면,

$E(u(X)) = \int_{-\infty}^{\infty} u(x)f(x)dx = \int_A u(x)f(x) + \int_{A^c} u(x)f(x)dx$ 이고,

$E(u(X)) \ge \int_A u(x)f(x)dx \ge \int_A cf(x)dx$가 되므로 마코프 부등식이 성립한다.

마찬가지 방법으로 이산확률변수에 대하여도 증명할 수 있다.

정리 4.3.3 체비셰프 부등식(Chebyshev's inequality)

확률변수 X의 평균 μ와 분산 σ^2이 존재할 때, 임의의 상수 $k>0$에 대하여 $P[|X-\mu| \ge k\sigma] \le \frac{1}{k^2}$이 성립한다(또는, $P[|X-\mu| < k\sigma] \ge 1-\frac{1}{k^2}$).

증명 마코프 부등식에서 $u(X)=(X-\mu)^2$, $c=k^2\sigma^2$으로 두면 성립한다.

연습문제 4.3.3 확률변수 X의 pdf $f(x)=1$, $(0 \le x \le 1)$이다.

(1) 평균과 분산을 구하라.

(2) 확률 $\Pr[|X-\frac{1}{2}| \le \frac{1}{3}]$을 구하고, 체비셰프 부등식을 만족하는지 밝혀라.

연습문제 4.3.4 확률변수 X의 평균과 분산이 $\mu=0$, $\sigma^2=1$일 때 $\Pr[|X| \ge \frac{3}{2}]$의 상한 값은?

4.4 적률생성함수

적률은 분포의 특성을 알아보는 중요한 특성 값으로 확률밀도함수에 적분이나 합을 이용하여 직접 구할 수 있지만 어떤 경우에는 쉽게 구할 수 없는 경우도 있다. 그래서 간단히 적률을 구할 수 있는 특별한 함수인 **적률생성함수**(moment generating function)를 생각해 보기로 한다.

> **정의 4.4.1 적률생성함수(moment generating function)**
>
> 확률변수 X에서, $h > 0, t \in (-h, h)$에 대하여 $E(e^{tX})$가 존재하면
>
> $$M_X(t) = E(e^{tX}), \quad t \in (-h, h)$$
>
> 를 확률변수 X의 적률생성함수라 한다. 간단히 mgf로 나타낸다.

적률생성함수는 다음과 같은 성질을 가진다.

(1) k차 적률 $E(X^k) = \frac{d^k}{dt} M_X(t)|_{t=0} = M_X^{(k)}(0), k = 1,2,3,\ldots$

(2) mgf의 유일성. 즉 $M_X(t) = M_Y(t)$이면 X, Y는 같은 분포이고 그 역도 성립한다.

(3) $M_{aX+b}(t) = e^{tb} M_X(at)$, 여기에서 a, b는 상수.

(4) mgf가 존재하지 않는 경우에는 특성함수(characteristic function)를 이용한다.

$$\Phi_X(t) = E(e^X) = E(\cos(tX)) + iE(\sin(tX)), t \in R, \ i = \sqrt{-1}$$

테일러 급수 전개를 하면 $e^{tx} = 1 + tx + \frac{(tx)^2}{2!} + \frac{(tx)^3}{3!} + \ldots + \frac{(tx)^k}{k!} + \ldots$이므로

$$\begin{aligned} M_X(t) = E(e^{tX}) &= E(1 + tX + \frac{(tX)^2}{2!} + \ldots + \frac{(tX)^k}{k!} + \ldots) \\ &= 1 + tE(X) + \frac{t^2}{2!} E(X^2) + \ldots + \frac{t^k}{k!} E(X^k) + \ldots \end{aligned}$$

이다. 따라서 $E(X^k) = \frac{d^k}{dt} M_X(t)|_{t=0} = M_X^{(k)}(0), k = 1,2,3,\ldots$이다.

또한, 적률생성함수를 매클로린 급수(MacLaurin's series)라 하면 다음과 같다.

$$M(t) = M(0) + \frac{M^{(1)}(0)}{1!}t + \frac{M^{(2)}(0)}{2!}t^2 + \frac{M^{(3)}(0)}{3!}t^3 + \ldots + \frac{M^{(k)}(0)}{k!}t^k + \ldots$$

$$= 1 + \frac{E(X)}{1!}t + \frac{E(X^2)}{2!}t^2 + \ldots + \frac{E(X^k)}{k!}t^k + \ldots$$

예제 4.4.1 확률변수 X의 확률질량함수(pmf)는 $f(x) = p^x(1-p)^{1-x}$ $(x = 0, 1)$이다.

적률생성함수 $M_X(t) = E(e^{tX}) = \sum_{x=0}^{1} e^{tx}p^x(1-p)^{1-x} = (1-p) + pe^t,\ \ t \in R$

예제 4.4.2 확률변수 X의 pdf $f(x) = 2e^{-2x}$, $(0 \le x < \infty)$. mgf와 평균과 분산을 구하라.

풀이

$$M_X(t) = E(e^{tX}) = \int_0^\infty e^{tx}2e^{-2x}dx = \int_0^\infty 2e^{(t-2)x}dx$$

$$= \left[-\frac{2e^{-(2-t)x}}{2-t}\right]_0^\infty = \frac{2}{2-t},\ \ t < 2$$

$E(X) = M_X^{(1)}(0) = \frac{1}{2}$, $E(X^2) = M_X^{(2)}(0) = \frac{1}{2}$이므로, 평균과 분산은 $\mu = \frac{1}{2}, \sigma^2 = \frac{1}{4}$이다.

연습문제 4.4.3 다음 분포의 적률생성함수를 구하라.

(1) 확률변수 X의 pdf $f(x) = {}_nC_x p^x(1-p)^{n-x}$, $(x = 0,1,2,\ldots,n)$이다.

(2) 확률변수 X의 pdf $f(x) = e^{3-x}$, $(3 < x)$이다.

(3) 확률변수 X의 pdf $f(x) = \frac{1}{3}$, $(x = 1,2,3)$이다.

예제 4.4.4 확률변수 X의 적률생성함수가 $M_X(t) = \frac{1}{10}e^t + \frac{2}{10}e^{2t} + \frac{3}{10}e^{3t} + \frac{4}{10}e^{4t}$ 라 하면 X는 1, 2, 3, 4의 값을 갖는 이산확률변수이고, 확률질량함수(pmf)는 다음과 같다.

x	1	2	3	4
$f(x)$	$\frac{1}{10}$	$\frac{2}{10}$	$\frac{3}{10}$	$\frac{4}{10}$

연습문제 4.4.5 확률변수 X의 적률생성함수가 $M_X(t) = \frac{1}{8}e^t + \frac{3}{8}e^{2t} + \frac{3}{8}e^{3t} + \frac{1}{8}e^{4t}$일 때 다음 물음에 답하라.

(1) $Y = X^2$에서 확률변수 Y의 평균과 분산을 구하라.

(2) $\Pr[Y \le 9]$

풀이

(1) $E(Y) = E(X^2) = M''(0) = 17$

$$M'(t) = \frac{1}{9}e^t + 1e^{3t} + \frac{25}{9}e^{5t}$$

$$M''(t) = \frac{1}{9}e^t + 3e^{3t} + \frac{125}{9}e^{5t}$$

$$M''(0) = \frac{1}{9} + 3 + \frac{125}{9} = \frac{153}{9} = 17$$

(2) $\Pr[Y \le 9] = \Pr[X = 1,3] = \frac{1}{9} + \frac{1}{3} = \frac{4}{9}$

제5장

이산형확률분포

5.1 베르누이 시행과 이항분포

실험의 결과가 성공(S) 또는 실패(F)로 이루어지고 성공할 확률이 p, 실패할 확률이 $1-p$로 주어지는 실험을 **베르누이 실험**(Bernoulli experiment)이라 한다. 예를 들면, 동전을 던졌을 때 앞면과 뒷면으로 나타나는 결과, 품질검사의 결과가 성공품 · 불량품으로 나타나는 경우, 신생아의 성별은 남자 · 여자로 나타나는 경우 등에서 우리의 관심 대상인 결과를 성공이라고 한다면 이러한 실험은 베르누이 실험이다. 베르누이 실험을 동일한 조건 하에서 독립적으로 반복 시행할 때 이를 **베르누이 시행**(Bernoulli's trial)이라 한다.

베르누이 시행에서 성공의 경우에는 $X=1$, 실패의 경우에는 $X=0$의 값을 갖는다면 X를 베르누이 확률변수라 한다. 확률변수 X의 확률질량함수 $f(x)$는

$$f(x)=p^{x}(1-p)^{1-x},\ \ x=0,1$$

가 되며 이를 **베르누이 분포**(Bernoulli distribution)라 하고 $B(1,\ p)$로 나타낸다.
베르누이 분포의 평균과 분산 및 적률생성함수는 다음과 같다.

$$\mu=E(X)=\sum_{x=0}^{1}xp^{x}(1-p)^{1-x}=(0)(1-p)+(1)(p)=p$$

$$\sigma^2=Var(X)=E((X-\mu)^2)=E(X^2)-(E(X))^2=p(1-p)$$

$$M_X(t)=E(e^{tX})=\sum_{x=0}^{1}e^{tx}p^{x}(1-p)^{1-x}=(1-p)+pe^{t},\ t\in R$$

예제 5.1.1 확률변수 X의 적률생성함수가 $M_X(t)=0.8+0.2e^t$, $t\in R$라 하면 X는 $B(1,0.2)$이다. 평균과 표준편차는 $\mu=0.2,\sigma=\sqrt{0.2(1-0.2)}=0.4$이다.

예제 5.1.2 A 공장의 불량률은 0.1%라고 한다. 이 공장에서 생산된 제품을 1개 구입했을 때 불량품일 확률은 0.001이고, 연속적으로 3개 구입했을 때 마지막 상품이 불량품일 확률은 $(1-0.001)^2(0.001)$이 된다. 그리고 3개를 구입했을 때 1개가 불량품일 확률은 가능한 관측값의 결과가 (1, 0, 0), (0, 1, 0), (0, 0, 1)로써 ${}_3C_1$개 있고 상호배반이며 각각의 확률은 $(0.001)^1(1-0.001)^2$이 되므로 구하는 확률은 ${}_3C_1(0.001)^1(1-0.001)^2$이다. 이는 성공할 확률이 0.001인 베르누이 시행을 3회 실시한 것과 같다.

베르누이 시행을 n회 한다고 하자. 베르누이 시행이므로 n회 시행은 서로 독립적이고 성공할 확률은 p, 실패할 확률은 $1-p$이다. 확률변수 X를 n회 베르누이 시행에서 성공의 개수라고 하면 $X=0,1,2,...,n$의 범위를 갖고 x회 성공할 확률은 성공이 x회 실패가 $n-x$회 있어야 하며, 이 경우의 확률은 $p^x(1-p)^{n-x}$이다. 그런데 n회 시행에서 성공하는 x회를 뽑는 경우의 수가 ${}_nC_x$개 있고 이들이 상호배반이므로 구하고자 하는 확률은 다음과 같다.

$$f(x)=\Pr[X=x]={}_nC_x\,p^x(1-p)^{n-x},\ x=0,1,2,...,n$$

이항정리에 의해 $\sum_{x=0}^{n} f(x)=\sum_{x=0}^{n}{}_nC_xp^x(1-p)^{n-x}=(p+(1-p))^n=1$이 되므로 $f(x)$는 확률질량함수(p.m.f)이고, 이러한 p.m.f를 갖는 확률변수를 이항확률변수, 그리고 **이항분포**(binomial distrbution)라 하고 $B(n,p)$로 나타낸다.

이항분포의 평균과 분산 및 적률생성함수는 다음과 같다.

$$\mu=np,\ \ \sigma^2=np(1-p),$$

$$M_X(t)=((1-p)+pe^t)^n,\ \ t\in R$$

이항분포의 적률생성함수는 다음과 같이 유도되고,

$$M_X(t)=E(e^{tX})=\sum_{x=0}^{n}e^{tx}\,{}_nC_xp^x(1-p)^{n-x}=\sum_{x=0}^{n}{}_nC_x(pe^t)^x(1-p)^{n-x}$$

$$=((1-p)+pe^t)^n,\ \ t\in R$$

평균과 분산은 적률생성함수를 이용하여 다음과 같이 구할 수 있다.

$$\mu=E(X)=M_X^{(1)}(0)=n((1-p)+pe^t)^{n-1}(pe^t)|_{t=0}=np$$

$$E(X^2)=M_X^{(2)}(0)=n(n-1)((1-p)+pe^t)^{n-2}(pe^t)^2+n((1-p)+pe^t)^{n-1}(pe^t)|_{t=0}$$

$$=n(n-1)p^2+np=(np)^2+np(1-p)$$

이므로 $\sigma^2=E(X^2)-(E(X))^2=(np)^2+np(1-p)-(np)^2=np(1-p)$이다.

예제 5.1.3 30%의 당첨률을 갖는 복권 10장을 구입했을 때 다음 물음에 답하라.

(1) 1장도 당첨이 안 될 확률을 구하라.

(2) 3장이 당첨될 확률을 구하라.

(3) 평균적으로 몇 장이 당첨될까?

풀이 당첨된 개수 X는 이항분포 $B(10, 0.3)$을 따른다.

(1) $\Pr[X=0] = {}_{10}C_0(0.3)^0(0.7)^{10} = (0.7)^{10} = 0.0282$

(2) 누적이항분포표를 이용하여 구하면

$$f(3) = \Pr[X=3] = F(3) - F(2) = 0.6469 - 0.3828 = 0.2641$$

(3) $\mu = np = 10 \times 0.3 = 3$

예제 5.1.4 확률변수 X가 이항분포 $B(20, 0.2)$한다.

(1) 확률질량함수는 $f(x) = {}_{20}C_x(0.2)^x(0.8)^{20-x}$, $x = 0, 1, 2, \dots, 20$

(2) 평균과 분산은 $\mu = np = 20 \times 0.2 = 4$, $\sigma^2 = np(1-p) = 20 \times 0.2 \times 0.8 = 3.2$

(3) 적률생성함수는 $M_X(t) = (0.8 + (0.2)e^t)^{20}$, $t \in R$ 이다.

연습문제 5.1.5 확률변수 X의 적률생성함수(m.g.f)가 $M_X(t) = (0.4 + 0.6e^t)^{10}$이다.

(1) X의 분포명과 p.d.f., 평균, 분산을 구하라.

(2) 확률 $\Pr[2 \le X < 5]$를 구하라.

하나의 주머니에 N개의 공이 있는데 이중에 M개의 공은 성공표시가 있고 $N-M$개의 공에는 실패표시가 있다. 1개의 공을 n회 추출해서 성공표시 공이 추출된 횟수를 확률변수 X라 하면 그때의 분포는 추출방법에 따라 다음의 2가지 경우로 생각할 수 있다.

(1) 복원추출인 경우에는 성공할 확률 $p = \dfrac{M}{N}$인 베르누이 시행을 n회 시행한 것과 같으므로 이항분포 $B(n, \dfrac{M}{N})$를 따른다.

(2) 비복원추출인 경우에는 다음과 같은 확률질량함수를 가지는 초기하분포를 따른다.

$$f(x) = \Pr[X=x] = \frac{{}_MC_x \cdot {}_{N-M}C_{n-x}}{{}_NC_n}, \ (x \le n, x \le M, n-x \le N-M)$$

초기하분포(Hyper-geometric distribution)는 $H(N, M, n)$으로 나타낸다.

초기하분포의 평균과 분산은 다음과 같다(적률생성함수 M.G.F.는 구하지 않는다).

$$\mu = n \cdot \frac{M}{N},$$

$$\sigma^2 = n \cdot \frac{M}{N} \cdot (1 - \frac{M}{N}) \cdot \frac{N-n}{N-1}$$

초기하분포의 평균과 분산을 구할 때 다음을 사용하면 수월하다.

$$\binom{N}{n} = \sum_{x=0}^{n} \binom{M}{x}\binom{N-M}{n-x}, \ \binom{N}{n} = \frac{N}{n}\binom{N-1}{n-1}, \ E(X(X-1)) = E(X^2) - E(X)$$

위에서 복원추출인 경우에는 모집단이 무한모집단이고, 비복원추출인 경우에는 유한모집단이다. 모평균은 동일하지만 모분산은 서로 다르다는 것을 알 수 있다. 유한모집단이라 수정해야 하는 부분을 유한모집단의 수정항이라 하고 그 값은 $\frac{N-n}{N-1}$ 이다.

연습문제 5.1.6 확률변수 X가 초기하분포 $H(N, M, n)$일 때 평균과 분산을 구하라.

연습문제 5.1.7 52장의 카드 중에는 하트, 다이아몬드, 스페이드, 클로버가 각각 13장씩 있다.

(1) 카드 10장을 비복원으로 추출했을 때 하트가 3장일 확률을 구하라.

(2) 카드 10장을 복원으로 추출했을 때 하트가 3장일 확률을 구하라.

(3) 하트이 수를 확률변수 X라 할 때 어떤 분포를 따르는가(복원, 비복원 추출인 경우)?

풀이

(1) $\frac{{}_{13}C_3 \times {}_{39}C_7}{{}_{52}C_{10}}$

(2) ${}_{10}C_3\left(\frac{13}{52}\right)^3\left(1-\frac{13}{52}\right)^7$

(3) 복원 추출인 경우에는 이항분포 $X \sim B\left(10, \frac{13}{52}\right)$를 따르고, 비복원인 경우에는 초기하분포 $X \sim H(52, 13, 10)$이다.

5.2 기하분포와 음이항분포

성공할 확률이 p, 실패할 확률이 $1-p$인 베르누이 시행에서 첫 번째 성공이 일어날 때까지의 시행 횟수를 확률변수 X라고 한다면 X의 범위는 $x=1,2,3,\ldots$가 되고, 확률은 $f(x)=\Pr[X=x]=(1-p)^{x-1}p$ 이다. 여기에서 $\sum_{x=1}^{\infty} f(x)=\sum_{x=1}^{\infty}(1-p)^{x-1}p$는 초항 p, 공비 $(1-p)$인 무한등비급수 또는 기하급수를 이용하여 $\sum_{x=1}^{\infty} f(x)=\dfrac{p}{1-(1-p)}=1$이 된다.

그러므로 $f(x)$는 확률질량함수(p.m.f)이고, 이러한 p.m.f를 갖는 확률변수를 기하확률변수, 그리고 **기하분포**(geometric distribution)라 하고 $G(p)$로 나타낸다. 기하분포의 이름은 p.m.f.가 기하급수의 항으로 구성되었기 때문이다. 기하급수는 맥클로린 급수(Maclaurin's series)를 이용하여 구하면 다음과 같다.

$$(1-z)^{-1}=1+z+z^2+z^3+\cdots,\ (-1<z<1)$$

기하분포의 평균과 분산 및 적률생성함수는 다음과 같다.

$$\mu=\frac{1}{p},\ \ \sigma^2=\frac{q}{p^2},\ (q=1-p)$$

$$M_X(t)=\frac{pe^t}{1-qe^t},\ \ t<\ln q$$

기하분포의 적률생성함수는 다음과 같이 유도되고,

$$M_X(t)=E(e^{tX})=\sum_{x=1}^{\infty} e^{tx}pq^{x-1}=\sum_{x=1}^{\infty} pe^t(qe^t)^{x-1}$$

$$=\frac{pe^t}{1-qe^t},\ \ t<-\ln q$$

평균과 분산은 적률생성함수를 이용하여 구할 수 있다.

연습문제 5.2.1 기하확률변수 X의 적률생성함수를 이용하여 평균과 분산을 구하라.

예제 5.2.2 동전 3개를 동시에 던져서 모두 앞면이 나오는 경우를 성공이라 하자. 동전 3개를 동시에 던지는 시행을 독립적으로 반복할 때, 처음으로 성공할 때까지의 시행 횟수를 확률변수 X라 하자.

(1) 확률변수 X의 범위와 확률질량함수를 쓰라.

(2) 평균적으로 몇 번 시행하면 처음으로 성공할 수 있을까, 분산과 표준편차는?

(3) 확률 $P(X=10)$을 구하라.

풀이

(1) 동전 3개를 던져 모두 앞면이 나올 확률 $p=\frac{1}{8}$이므로 확률질량함수는 다음과 같다.

$$f(x)=\left(\frac{7}{8}\right)^{x-1}\frac{1}{8}\ ,\ x=1,2,3,\ldots$$

(2) $\mu=E(X)=\frac{1}{1/8}=8,\ \sigma^2=\frac{7/8}{(1/8)^2}=56,\ \sigma=\sqrt{56}\fallingdotseq 7.483$이므로 평균적으로 8번 시행하면 처음으로 성공이 나타난다.

(3) $P(X=10)=\left(\frac{7}{8}\right)^9\cdot\left(\frac{1}{8}\right)$이다.

정리 5.2.1 기하분포의 무기억성

확률변수 $X\sim\ \geq O(p)$ 이면 임의의 자연수 j,k에 대하여

$$P(X>j+k|X>j)=P(X>k)$$

증명

$$P(X>j+k|X>j)=\frac{P(X>j+k)}{P(X>k)}$$

$$=\frac{(1-p)^{j+k}}{(1-p)^j}=(1-p)^k=P(X>k)$$

기하분포는 처음으로 성공이 일어나는 경우만을 생각했으나, 이를 확장하여 r-번째 성공이 일어날 때까지의 시행 횟수를 확률변수 X라고 한다면 어떻게 될까?

X의 범위는 $x=r,\ r+1,\ r+2,\ r+3,\ \ldots$이 되고,

확률은 $f(x)=\Pr[X=x]={}_{x-1}C_{r-1}p^r(1-p)^{x-r}$이 된다.

그리고 음이항급수에 의해 $\sum_{x=1}^{\infty}f(x)=\sum_{x=r}^{\infty}{}_{x-1}C_{r-1}p^r(1-p)^{x-r}=p^r(1-q)^{-r}=1$이

되므로 $f(x) = {}_{x-1}C_{r-1}p^r(1-p)^{x-r}$, $(x = r, r+1, r+2, \ldots)$는 확률질량함수(p.m.f)이고, 이러한 p.m.f를 갖는 확률변수를 음이항확률변수, 그리고 음이항분포(negative binomial distribution)이라 하고 $NB(r, p)$로 나타낸다.

음이항분포의 평균과 분산 및 적률생성함수는 다음과 같다.

$$\mu = \frac{r}{p},\ \sigma^2 = \frac{rq}{p^2},\ (q = 1-p)$$

$$M_X(t) = \left(\frac{pe^t}{1-qe^t}\right)^r,\ t < -\ln q$$

음이항분포는 r번째 성공이 일어난다는 것은 독립적인 기하분포 $X_1, X_2, \ldots, X_r$의 합과 같음을 알 수 있다. 그러므로 음이항분포의 확률변수를 Y 라고 두면 $Y = \sum_{i=1}^{r} X_i$로 표현할 수 있다. 그러면 음이항분포의 평균과 분산 그리고 적률생성함수는 다음과 같이 구할 수도 있다.

$$\begin{aligned} E(Y) &= E(\sum_{i=1}^{r} X_i) = \sum_{i=1}^{r} E(X_i) \quad (X_i\text{가 독립이므로}) \\ &= \frac{r}{p} \end{aligned}$$

$$\begin{aligned} V(Y) &= V(\sum_{i=1}^{r} X_i) = \sum_{i=1}^{r} V(X_i) \quad (X_i\text{가 독립이므로}) \\ &= \frac{rq}{p^2} \end{aligned}$$

$$M_Y(t) = E(e^{tY}) = E(e^{t\sum_{i=1}^{r} X_i}) = \Pi_{i=1}^{r} E(e^{tX_i}) = \Pi_{i=1}^{r} M_{X_i}(t) = \left(\frac{pe^t}{1-qe^t}\right)^r,\ t < \ln q$$

연습문제 5.2.3 [2013학년도 임용시험 문제]

동전 3개를 동시에 던져서 모두 앞면이 나오는 경우를 성공이라 하자. 동전 3개를 동시에 던지는 시행을 독립적으로 반복할 때, 5번 성공할 때까지의 시행 횟수를 확률변수 X라 하자. 다음 중 옳은 것은?

(1) $P(X \le 4) = 0$ (2) $\sum_{k=1}^{\infty} P(X = k) = 1$ (3) $P(X = 13) = {}_{12}C_4\left(\frac{1}{8}\right)^5\left(\frac{7}{8}\right)^8$

연습문제 5.2.4 음이항분포 $X \sim NB(r, p)$의 적률생성함수를 구하고, 평균과 분산을 찾아라.

연습문제 5.2.5 어느 야구선수의 안타율은 0.3이라고 한다. 안타를 두 번 칠 때까지 타석에 들어갈 횟수를 X라 할 때 다음에 답하라.

(1) 확률변수 X는 어떤 분포를 따르는가? 확률질량함수를 쓰라.

(2) 첫 타석과 두 번째 타석에서 모두 안타를 칠 확률은?

(3) 평균적으로 몇 번째 타석에서 두 번째 안타를 만들어낼 수 있을까?

(4) 확률변수 X의 적률생성함수, 분산, 표준편차를 구하라.

연습문제 5.2.6 확률변수 X의 적률생성함수 $M_X(t) = \left(\dfrac{0.2e^t}{1-0.8e^t}\right)^3$, $t \in R$일 때 X의 분포는 무엇인가? 평균과 분산은 얼마인가?

5.3 포아송 분포

주어진 구간에서 발생하는 사건의 수에 대한 경우를 생각해 보자. 예를 들어 어느 대형 병원에 오후 9시부터 오전 2시까지 찾아오는 응급환자의 수, 워드 작업에서 한 페이지에 나타나는 오타의 수, 오후 5시부터 오후 7시 사이에 일어나는 교통사고의 수, 오전 9시부터 오전 11시까지 매표소에 도착하는 고객의 수 등이 있다. 이러한 사건들이 다음 조건을 만족할 때 근사 **포아송 과정**(approximate Poisson process)을 따른다고 한다.

(조건 1) 겹치지 않는 각 구간에서 일어나는 사건들은 독립이다.
(조건 2) 충분히 작은 구간 h에서 하나의 사건이 일어날 확률은 $\lambda h\ (\lambda > 0)$이다.
(조건 3) 충분히 작은 구간에서 사건이 두 번 이상 일어날 확률은 거의 0이다.

근사 포아송 과정을 따르는 확률실험을 생각해보자. 확률변수 X는 길이 1인 구간에서 일어난 사건의 수라고 하고, 확률 $\Pr[X=x]$에 대한 근사 확률을 구하기 위하여 구간을 n개로 나누어 길이가 똑같이 $1/n$이 되도록 한다. n이 충분히 크다면(조건 2) 각 구간에서 하나의 사건이 일어날 확률은 $\lambda\frac{1}{n}, (\lambda>0)$이고(조건 2) 두 번 이상 일어날 확률은 0이고(조건 3) 각 구간은 서로 독립이므로, 확률변수 X는 성공할 확률 $\lambda\frac{1}{n}, (\lambda>0)$인 n회의 베르누이 시행에서 성공의 횟수와 같으므로 이항분포에서 근삿값을 구할 수 있다.

$$\begin{aligned}
&\lim_{n\to\infty}\frac{n!}{x!(n-x)!}\left(\frac{\lambda}{n}\right)^x\left(1-\frac{\lambda}{n}\right)^{n-x}\\
&=\lim_{n\to\infty}\frac{\lambda^x}{x!}\cdot\frac{n(n-1)\dots(n-x+1)}{n^x}\cdot\left(1-\frac{\lambda}{n}\right)^{-x}\cdot\left(1-\frac{\lambda}{n}\right)^n\\
&=\frac{\lambda^x}{x!}\lim_{n\to\infty}\left(1-\frac{\lambda}{n}\right)^n=\frac{\lambda^x}{x!}\cdot\lim_{n/(-\lambda)\to\infty}\left(1+\frac{1}{n/(-\lambda)}\right)^{n/(-\lambda)\cdot(-\lambda)}=\frac{\lambda^x}{x!}\cdot e^{-\lambda}\\
&=\frac{\lambda^x e^{-\lambda}}{x!}
\end{aligned}$$

그러므로 이항분포의 포아송 분포에 근사를 알 수 있다(단 $n\to\infty$, $\lambda\to 0$, $\lambda n=\mu$)일 경우에 성립한다.

확률변수가 근사 포아송 과정을 따르는 확률실험에서 일어난 사건의 수라고 하면 다음과 같은 확률질량함수를 가지게 된다.

$$f(x) = \frac{\lambda^x e^{-\lambda}}{x!},\ x = 0, 1, 2, \cdots$$

여기에서 $\sum_{x=0}^{\infty} f(x) = \sum_{x=0}^{\infty} \frac{\lambda^x e^{-\lambda}}{x!} = e^{-\lambda} \sum_{x=0}^{\infty} \frac{\lambda^x}{x!} = e^{-\lambda} e^{\lambda} = 1.$

(맥클로린 급수에 의해 $e^{\lambda} = 1 + \frac{\lambda}{1!} + \frac{\lambda^2}{2!} + \cdots = \sum_{x=0}^{\infty} \frac{\lambda^x}{x!}$ 가 성립한다.)

그러므로 $f(x)$는 확률질량함수(p.m.f)이고, 이러한 p.m.f를 갖는 확률변수를 포아송 분포(Poisson distribution)를 따른다고 하고 $Poi(\lambda)$로 나타낸다.

포아송 분포의 평균과 분산 및 적률생성함수는 다음과 같다.

$$\mu = \lambda,\ \sigma^2 = \lambda$$

$$M_X(t) = e^{\lambda(e^t - 1)},\quad t \in R$$

포아송 분포의 적률생성함수는 다음과 같이 유도되고,

$$M_X(t) = E(e^{tX}) = \sum_{x=1}^{\infty} e^{tx} \frac{\lambda^x e^{-\lambda}}{x!} = e^{-\lambda} \sum_{x=1}^{\infty} \frac{(\lambda e^t)^x}{x!}$$

$$= e^{-\lambda} e^{\lambda e^t} = e^{\lambda(e^t - 1)},\ t \in R$$

평균과 분산은 적률생성함수를 이용하여 구할 수 있다.

연습문제 5.3.1 포아송 확률변수 X의 평균과 분산을 구하라.

예제 5.3.2 어떤 사람의 워드 작업에서 한 페이지에 나타나는 오타의 수의 평균이 2개라고 한다.

(1) 확률변수 X를 한 페이지에 나타나는 오타의 수라 했을 때 어떤 확률분포를 따르는가? 그때의 확률질량함수와 적률생성함수를 쓰라.

(2) 어떤 페이지에서 오타가 1개도 없을 확률은?

(3) 오타가 1개 이상 나타날 확률은?

풀이

(1) 확률변수 X는 포아송 분포 $Poi(2)$를 따르고, p.m.f와 m.g.f는 다음과 같다.

$$f(x)=\frac{2^x e^{-2}}{x!},\quad x=0,1,2,\cdots$$

$$M_X(t)=e^{2(e^t-1)},\quad t\in R$$

(2) $\Pr[X=0]=\dfrac{2^0 e^{-2}}{0!}=e^{-2}=0.135$

(3) $\Pr[X\geq 1]=1-\Pr[X=0]=1-\dfrac{2^0 e^{-2}}{0!}=1-e^{-2}=0.865$

(포아송 분포의 확률표를 이용하여 구한다.)

포아송 과정에서 단위 구간에서 사건이 일어날 평균비율을 λ라 했을 때 구간 길이가 t에서 사건의 기대 발생건수는 λt가 되므로 구간길이 t에서 사건이 일어날 확률변수는 포아송 $Poi(\lambda t)$를 따른다. 예를 들어서 대학병원의 응급실에 시간당 평균 3명의 응급환자가 도착한다면 오후 7시부터 12시 사이에 도착하는 응급환자의 수는 평균 15명이고 포아송 $Poi(15)$, $f(x)=\dfrac{(3\times 5)^x e^{-(3\times 5)}}{x!}$, $x=0,1,2,\cdots$를 따른다.

연습문제 5.3.3 어떤 사람의 워드 작업에서 한 페이지에 나타나는 오타의 수의 평균이 2개라고 한다.

(1) 다섯 페이지에서 오타의 수가 1개도 없을 확률을 구하라.

(2) 세 페이지에서 오타의 수가 1개일 확률을 구하라.

(3) 열 페이지에서 오타는 평균적으로 몇 개 나타나는가? 이때의 확률분포는 무엇인가? 그리고 확률질량함수를 쓰라.

연습문제 5.3.4 확률변수 X의 적률생성함수 $M_X(t)=e^{5(e^t-1)}$, $t\in R$일 때 X의 분포는 무엇인가? 평균과 분산은 얼마인가?

포아송 분포는 다음과 같은 성질을 만족한다.

(1) 포아송 분포의 평균과 분산은 동일하다.

(2) 포아송 분포는 이항분포의 근사확률을 구하는데 유용하다. $B(n,p)$에서 n이 매우 크고, p가 작아서 $np=\lambda$가 존재하면 $Poi(np)$를 이용하여 근삿값을 구할 수 있다. 특

히 $n \geq 20,\ p \leq 0.05$ 또는 $n \geq 100,\ p \leq 0.10$일 때 아주 정확하다.

(3) 초기하분포는 이항분포에 의해 근사시킬 수 있으며, 이항분포는 포아송 분포에 근사되므로 초기하분포도 포아송 분포를 이용하여 근삿값을 구할 수 있다.

(4) $X_1 \sim Poi(\lambda_1),\ X_2 \sim Poi(\lambda_2)$이고 두 확률변수가 독립일 때,

$$X_1 + X_2 \sim Poi(\lambda_1 + \lambda_2)$$

이다. 즉, 독립인 두 포아송 분포의 합은 포아송 분포를 따른다. 실제로 가스로 인한 화재와 전기로 인한 화재의 발생의 수는 각각 평균이 $\lambda_1,\ \lambda_2$ 인 포아송 분포를 따른다고 할 때, 가스나 전기로 일어난 화재 발생의 수는 평균이 $\lambda_1 + \lambda_2$ 인 포아송 분포를 따를 것이다.

연습문제 5.3.5 어느 공장에서 생산된 제품의 불량률은 0.1%이다. 1000개의 제품 중에 포함된 불량품의 수를 X라 할 때 다음에 답하라.

(1) 확률변수 X는 어떤 분포를 따르는가? 확률질량함수를 쓰라.

(2) 불량품이 1개가 나타날 확률을 구하라.

(3) 포아송 분포를 이용하여 근사적으로 구해보라.

연습문제 5.3.6 한 달 동안 버스와 택시의 교통사고 발생건수는 각각 평균이 5, 10인 포아송 분포를 따른다고 한다.

(1) 버스 또는 택시에 의해 일어나는 교통사고 발생의 수는 어떤 분포를 따르는가? 평균과 분산 및 표준편차를 구하고, 확률질량함수를 쓰라.

(2) 한 달 동안 버스 또는 택시에 의한 교통사고가 일어나지 않을 확률은?

제6장

연속형확률분포

6.1 균등분포와 지수분포

실험의 결과가 구간 $[a, b], -\infty < a < b < \infty$로부터 임의로 선택되는 한 점이라고 하자. 정류소에 버스가 12시부터 1시 사이에 도착하는 시각, 360° 원판을 돌릴 때 정지하는 지점의 각도, 은행 창구에 고객이 임의로 도착한다고 할 때 어떤 특정한 30분의 시간 구간에 한 고객이 도착한 시각 등을 예로 들 수 있다.

확률변수 X를 구간 $[a, b], -\infty < a < b < \infty$ 위의 동일한 가능성을 가진 임의의 한 점이라고 하면, 구간 $[a, x], -\infty < a < x < b < \infty$의 한 점이 선택될 확률은 $\frac{x-a}{b-a}$이다. 그러므로 누적분포함수(c.d.f.) $F(x)$는 다음과 같고

$$F(x) = \begin{cases} 0, & x < a \\ \frac{x-a}{b-a}, & a \le x < b \\ 1, & b \le x \end{cases}$$

확률밀도함수(p.d.f.) $f(x)$는 다음과 같다.

$$f(x) = \frac{d}{dx}F(x) = \frac{1}{b-a}, \quad (a < x < b)$$

확률변수 X가 구간 $[a, b], -\infty < a < b < \infty$에서 임의로 선택된 한 점이면 확률밀도함수가 위와 같고, 이를 **균등분포**(또는 **균일분포**, uniform distribution)라 한고, $U(a, b)$로 나타낸다. 평균과 분산 그리고 적률생성함수는 다음과 같다.

$$\mu = E(X) = \int_a^b x \cdot \frac{1}{b-a}dx = [\frac{x^2}{2(b-a)}]_a^b = \frac{a+b}{2}$$

$$\sigma^2 = Var(X) = E((X-\mu)^2) = E(X^2) - (E(X))^2 = \frac{(b-a)^2}{12}$$

$$M_X(t) = E(e^{tX}) = \begin{cases} \frac{e^{tb} - e^{ta}}{t(b-a)}, & t \ne 0 \\ 1, & t = 0 \end{cases}$$

연습문제 6.1.1 $X \sim U(a, b)$일 때 분산과 적률생성함수를 구하라.

많이 사용되는 균등분포는 $a=0,\ b=1$인 $U(0,1)$분포이다. 이 경우에 평균은 $\frac{1}{2}$, 분산은 $\frac{1}{12}$이 된다. 대부분의 컴퓨터에서 $U(0,1)$로부터 난수를 생성할 수 있다.

예제 6.1.2 어느 시골 버스 정류소에 1시간을 간격으로 버스가 도착한다고 하자.
(1) 임의로 버스 정류소에 갔을 때 버스가 10분 이내에 도착할 확률은?
(2) 임의로 버스 정류소에 갔을 때 40분 이상 기다려야 할 확률은?
(3) 임의로 버스 정류소에 갔을 때 평균적으로 몇 분을 기다려야 할까?

풀이 기다리는 시간을 확률변수 X라 하면 균등분포 $X \sim U(0, 60)$를 따른다.

(1) $\Pr[0 \le X \le 10] = \int_0^{10} \frac{1}{60} dx = \frac{1}{6}$

(2) $\Pr[40 \le X \le 60] = \int_{40}^{60} \frac{1}{60} dx = \frac{1}{3}$

(3) $\mu = E(X) = \frac{60}{2} = 30(\text{분})$

포아송 분포는 단위 구간에서 사고가 평균적으로 λ회 일어나는 사건의 수를 다루고 있다. 여기에서는 첫 번째 사고가 일어날 때까지의 구간의 길이를 확률변수 W라 하자. 그러면 W의 누적분포함수(c.d.f.) $F(w)$는 $w<0$일 때는 $F(w)=0$이고,

$$
\begin{aligned}
w>0,\ F(w) &= \Pr[W \le w] = 1 \quad \Pr[W > w] \\
&= 1 - \Pr[\text{구간 } [0,\ w]\text{에서 사고가 안 일어남}] \\
&= 1 - \frac{\lambda^0 e^{-\lambda w}}{0!} = 1 - e^{-\lambda w}
\end{aligned}
$$

가 되므로, W의 확률밀도함수 $f(x)$는 다음과 같다.

$$
f(x) = \frac{d}{dw} F(w) = \lambda e^{-\lambda w}, \quad w > 0
$$

일반적으로 여기에서 $\frac{1}{\lambda} = \theta$로 두는데 그 이유는 단위구간에서 평균적으로 λ회 사고가 일어난다면 처음 사고가 일어날 때까지의 평균시간은 θ가됨을 직관적으로 알 수 있기 때

문이다. 어떤 사건이 일어날 때까지 기다리는 시간을 확률변수 X 라 하면, 확률밀도함수가 다음과 같은 **지수분포**(exponential distribution)를 따른다. 지수분포는 $\mathrm{Exp}(\theta)$로 나타낸다.

$$X \sim f(x) = \frac{1}{\theta} e^{-\frac{x}{\theta}},\ 0 \le x < \infty$$

여기에서 $\int_0^\infty \frac{1}{\theta} e^{-\frac{x}{\theta}} dx = \lim_{t \to \infty} [-e^{-\frac{x}{\theta}}]_0^t = 0 - (-1) = 1$이 된다.

지수분포의 평균과 분산 및 적률생성함수는 다음과 같다.

$$\mu = \theta,\ \sigma^2 = \theta^2,$$

$$M_X(t) = \frac{1}{1 - \theta t},\ t < \frac{1}{\theta}$$

지수분포의 적률생성함수는 다음과 같이 유도되고,

$$M_X(t) = E(e^{tX}) = \int_0^\infty e^{tx} \cdot \frac{1}{\theta} \cdot e^{-\frac{x}{\theta}} dx = \int_0^\infty \frac{1}{\theta} \cdot e^{-\frac{(1-\theta t)x}{\theta}} dx$$

$$= \frac{1}{1 - \theta t} \int_0^\infty \frac{(1 - \theta t)}{\theta} \cdot e^{-\frac{(1-\theta t)}{\theta} \cdot x} dx = \frac{1}{1 - \theta t},\ t < \frac{1}{\theta}$$

평균과 분산은 적률생성함수를 이용하여 다음과 같이 구할 수 있다.

$$\mu = M'(0) = [\frac{\theta}{(1 - \theta t)^2}]_{t=0} = \theta$$

$$\sigma^2 = M''(0) - (M'(0))^2 = [\frac{\theta \cdot 2(1 - \theta t) \cdot \theta}{(1 - \theta t)^4}]_{t=0} - \theta^2 = \theta^2$$

예제 6.1.3 어느 송수신기의 신호를 기다리는 시간은 평균 10초의 지수분포를 따른다고 한다.

(1) 확률밀도함수를 쓰고 분산과 표준편차를 구하라.

(2) 신호 대기시간이 20초 이상일 확률은?

(3) 10초를 대기한 후에 다시 20초 이상을 더 기다려야 할 확률은?

풀이

(1) 확률밀도함수는 $f(x) = \frac{1}{10}e^{-\frac{x}{10}},\ 0 \le x < \infty.$

$$E(X) = 10$$

$$E(X^2) = \int_0^\infty x^2 \frac{1}{10}e^{-\frac{x}{10}}dx = 2\int_0^\infty -xe^{-\frac{x}{10}}dx = 2\cdot 10^2$$

분산은 $\sigma^2 = E(X^2) - (E(X))^2 = 2\cdot 10^2 - 10^2 = 10^2$

표준편차는 $\sigma = 10$

(2) $\Pr[X \ge 20] = 1 - \Pr[X < 20] = 1 - \int_0^{20} \frac{1}{10}e^{-\frac{x}{10}}dx = e^{-2} \fallingdotseq 0.1354$

(3) $\Pr[X > 10 + 20 | X > 10] = \frac{\Pr[X > 20 + 10]}{\Pr[X > 10]}$

$$= \frac{1 - \int_0^{30} \frac{1}{10}e^{-\frac{x}{10}}dx}{1 - \int_0^{10} \frac{1}{10}e^{-\frac{x}{10}}dx} = \frac{e^{-3}}{e^{-1}} = e^{-2} \fallingdotseq 0.1354$$

우리는 위의 예제 (2)와 (3)의 확률이 같음에 유의하여야 한다. 이와 같은 결과가 나타나는 이유는 지수분포의 무기억성(nonmemory property)에 의한 것이다. 임의의 실수 a, b와 확률변수 $X \sim \mathrm{Exp}(\theta)$에 대하여 다음이 성립한다(지수분포의 무기억성).

$$\Pr[X > a + b | X > b] = \Pr[X > a]$$

$(\because)$

$$\Pr[X > a + b | X > b] = \frac{1 - \Pr[X \le a + b]}{1 - \Pr[X \le b]} = \frac{1 - F(a+b)}{1 - F(b)}$$

$$= \frac{e^{-\frac{a+b}{\theta}}}{e^{-\frac{b}{\theta}}} = e^{-\frac{a}{\theta}} = 1 - F(a)$$

$$= \Pr[X > a],\ (F(x) = 1 - e^{-\frac{x}{\theta}})$$

연습문제 6.1.4 병원 응급실에 응급환자가 도착할 때가지 당직의사의 대기시간은 평균이 20분인 지수분포를 따른다고 한다.

(1) 당직의사의 대기시간이 10분 이상일 확률은?

(2) 10분간 대기한 당직의사가 다시 10분 이상을 대기할 확률은?

연습문제 6.1.5 확률변수 X의 적률생성함수(m.g.f)가 $M_X(t) = \dfrac{1}{1-5t}$, $t < \dfrac{1}{5}$이다.

(1) X의 분포명과 p.d.f., 평균, 분산을 구하라.

(2) 확률 $\Pr[0 \le X < 5]$를 구하라.

6.2 정규분포

프랑스 수학자 드무아브르(de Moivre, 1677-1754)가 1733년에 이항분포의 근사를 위해 정규분포를 유도한 것으로 알려져 있다. 1774년 라플라스(Laplace)는 초기하분포의 근사로 정규분포를 얻었고, 4년 뒤에 정규분포의 누적분포표를 처음으로 만들었다. 독일의 수학자 가우스(Gauss, 1777-1855)는 물리학 실험에서 생기는 측정오차의 분포에 정규분포를 응용하였고, 이에 대한 이론을 근거로 1900년에 리아푸노프(Lyapunov)가 중심극한정리의 연구를 시작하였다. 그래서 정규분포를 가우스분포 또는 오차분포라고도 한다. 초기에는 모든 자료의 막대그래프가 정규분포의 곡선과 가까운 형태가 아닐 때에는 자료의 수집과정에 문제가 있다고 생각했다. 그래서 정규분포(normal distribution)라는 이름을 가지게 되었다.

확률변수 X의 확률밀도함수(p.d.f.) $f(x)$가 다음과 같을 때,

$$f(x) = \frac{1}{\sqrt{2\pi}\,\sigma} e^{-\frac{(x-\mu)^2}{2\sigma^2}}, \ (-\infty < x < \infty)$$

확률변수 X는 평균이 μ이고 분산이 σ^2인 **정규분포**(normal distribution)라 한다. $X \sim N(\mu, \sigma^2)$로 나타낸다. 특히 평균이 0이고 분산이 1인 정규분포를 **표준정규분포**라 하고, $Z \sim N(0,1)$로 나타낸다.

정규분포에서 다음과 같은 사실을 알 수 있다.

(사실 1) 적분 $I = \int_{-\infty}^{\infty} e^{-\frac{z^2}{2}} dz = \sqrt{2\pi}$

$(\because)\ \ I > 0,\ I^2 = \int_{-\infty}^{\infty}\int_{-\infty}^{\infty} e^{-\frac{y^2+z^2}{2}} dydz$

극좌표변환 $y = r \cdot \cos\theta,\ z = r \cdot \sin\theta$을 하면, 적분영역은 $0 \le r < \infty,\ 0 \le \theta < 2\pi$이고,

$J = \begin{vmatrix} \frac{dy}{dr} & \frac{dy}{d\theta} \\ \frac{dz}{dr} & \frac{dz}{d\theta} \end{vmatrix} = r$이므로, $I^2 = \int_0^{2\pi}\int_0^{\infty} e^{-\frac{r^2}{2}} \cdot r\, drd\theta = \int_0^{2\pi} d\theta = 2\pi$이다.

(사실 2) $I=\sqrt{2\pi}$ 에서 $z=\dfrac{x-\mu}{\sigma}$ 로 치환하면, $\displaystyle\int_{-\infty}^{\infty}\frac{1}{\sqrt{2\pi}\,\sigma}e^{-\frac{(x-\mu)^2}{2\sigma^2}}dx=1$ 이 되므로 $f(x)$는 확률밀도함수가 됨을 알 수 있다.

(사실 3) $X\sim N(\mu,\sigma^2)$의 적률생성함수는 $M_X(t)=e^{\mu t+\frac{\sigma^2t^2}{2}}$, $t\in R$이고, 이를 이용하여 평균은 μ, 분산은 σ^2임을 알 수 있다.

$$(\because)\ M_X(t)=E(e^{tX})=\int_{-\infty}^{\infty}e^{tx}\frac{1}{\sqrt{2\pi}\,\sigma}e^{-\frac{(x-\mu)^2}{2\sigma^2}}dx$$

$$=\int_{-\infty}^{\infty}\frac{1}{\sqrt{2\pi}\,\sigma}e^{-\frac{x^2-2\mu x+\mu^2-2t\sigma^2x}{2\sigma^2}}dx=\int_{-\infty}^{\infty}\frac{1}{\sqrt{2\pi}\,\sigma}e^{-\frac{x^2-2(\mu+t\sigma^2)x+\mu^2}{2\sigma^2}}dx$$

$$=\int_{-\infty}^{\infty}\frac{1}{\sqrt{2\pi}\,\sigma}e^{-\frac{x^2-2(\mu+t\sigma^2)x+(\mu+t\sigma^2)^2-(\mu+t\sigma^2)^2+\mu^2}{2\sigma^2}}dx$$

$$=e^{\frac{2\mu t\sigma^2+t^2\sigma^4}{2\sigma^2}}=e^{\mu t+\frac{\sigma^2t^2}{2}},\ t\in$$

평균 $\mu=E(X)=M_X'(0)=[e^{\mu t+\frac{\sigma^2t^2}{2}}(\mu+\sigma^2t)]_{t=0}=\mu$

분산 $\sigma^2=E(X^2)-(E(X))^2=M_X''(0)-(M_X'(0))^2$

$$=[e^{\mu t+\frac{\sigma^2t^2}{2}}(\mu+\sigma^2t)^2+e^{\mu t+\frac{\sigma^2t^2}{2}}\sigma^2]_{t=0}-\mu^2=\sigma^2$$

(사실 4) 정규분포 $X\sim N(\mu,\sigma^2)$의 곡선 $f(x)$는 평균 μ를 중심으로 좌우 대칭인 종 모양을 하고, $x=\mu$에서 극대값 $\dfrac{1}{\sqrt{2\pi}\,\sigma}$을 갖고, x축은 점근선이며, $x=\mu\pm\sigma$지점은 변곡점이다. 곡선의 모양은 μ가 같을 때, σ가 작아지면 가운데로 몰리고 σ가 커지면 양쪽으로 퍼진다. σ가 같고 μ가 변하면 중심위치는 변하지만 곡선의 모양은 안 변한다.

(사실 5) 정규분포 $X\sim N(\mu,\sigma^2)$의 표준화 변수 $Z=\dfrac{X-\mu}{\sigma}$는 평균이 0 분산이 1인 정규분포를 따르고 이를 표준정규분포 $N(0,1)$라 한다. 그러므로 모든 정규분포의 확률은 표준정규분포표(정규분포의 누적확률분포 표)를 이용하여 구할 수 있다.

$$\Pr[a\le X\le b]=\Pr[\frac{a-\mu}{\sigma}\le\frac{X-\mu}{\sigma}\le\frac{b-\mu}{\sigma}]=N(\frac{b-\mu}{\sigma})-N(\frac{a-\mu}{\sigma})$$

여기서 $N(z)$는 표준정규분포의 누적분포함수(cdf)이고, $N(-z)=1-N(z)$다.

표준정규분포의 pdf $f(z)=\frac{1}{\sqrt{2\pi}}e^{-\frac{z^2}{2}}$, cdf $N(z)=\int_{-\infty}^{z}\frac{1}{\sqrt{2\pi}}e^{-\frac{t^2}{2}}dt$이다.

$$(\because)\ F(z)=\Pr[Z\le z]=\Pr[\frac{X-\mu}{\sigma}\le z]=\Pr[X\le \mu+z\sigma]$$

$$=\int_{-\infty}^{\mu+\sigma z}\frac{1}{\sqrt{2\pi}\,\sigma}e^{-\frac{(x-\mu)^2}{2\sigma^2}}dx=\int_{-\infty}^{z}\frac{1}{\sqrt{2\pi}}e^{-\frac{t^2}{2}}dt=N(z)$$

($\frac{x-\mu}{\sigma}=t$로 치환적분하면 위의 결과를 얻을 수 있다.)

(사실 6) 정규분포는 통계적 방법을 다룰 때 가장 많이 사용되는 분포이다. 표본분포에서 다루게 되는 중심극한정리에 의해서 표본크기가 클 경우에는 표본평균의 분포가 근사적으로 정규분포한다는 성질에서 그 중요성을 알 수 있다. 그리고 신생아의 몸무게, 시험 성적, 농산물의 수확량, 몸무게, 키 등은 정규분포를 따른다고 가정해도 무리가 없다.

연습문제 6.2.1 $X\sim N(5,9)$일 때 확률밀도함수, 평균, 분산과 적률생성함수를 구하라.

연습문제 6.2.2 $X\sim N(10,4)$일 때 다음을 구하라.

(1) $\Pr[X\le 10]$, $\Pr[X\ge 10]$

(2) $\Pr[8\le X\le 12]$, $\Pr[6\le X\le 14]$, $\Pr[4\le X\le 16]$

(3) $\Pr[7\le X\le 15]$

예제 6.2.3 어느 공장에서 생산품은 평균이 20kg, 표준편차가 5kg인 정규분포를 따른다고 한다.

(1) 생산품이 30kg 이상일 확률

(2) 4개의 생산품을 무게가 10kg인 상자에 담았을 때, 상자의 무게가 80kg 이하일 확률

풀이

(1) $X\sim N(20,5^2)$이므로,

$$\Pr[30\le X]=\Pr[\frac{30-20}{5}\le\frac{X-20}{5}]=1-N(2)=0.023$$

(2) $\Pr[4X+10 \le 80] = \Pr[X \le \frac{80-10}{4}] = \Pr[\frac{X-20}{5} \le \frac{17.5-20}{5}]$

$$= N(-0.5) = 1 - N(0.5) = 1 - 0.691 = 0.309$$

우리는 위의 예제와 (사실 5)에서 정규분포 $X \sim N(\mu, \sigma^2)$의 선형변환 $Y = aX + b$의 분포도 정규분포하고 평균은 $a\mu + b$이고 분산은 $b^2\sigma^2$이다. 위의 예제 (2)에서 $Y = 4X + 10$은 평균이 90, 분산이 $4^2 5^2 = (20)^2$인 정규분포이므로 구하는 값은 같다.

$$\Pr[Y \le 80] = \Pr[\frac{Y-90}{20} \le \frac{80-90}{20}] = \Pr[Z \le -0.5] = N(-0.5)$$

연습문제 6.2.4 확률변수 X의 적률생성함수(m.g.f)가 $M_X(t) = e^{100t + 8t^2}$이다.

(1) X의 분포명과 p.d.f., 평균, 분산을 구하라.

(2) 확률 $\Pr[90 \le X < 105]$를 구하라.

(3) 확률변수 $Y = 2X - 50$일 때 평균과 분산을 구하라.

연습문제 6.2.5 확률변수 X가 $N(\mu, \sigma^2)$일 때 $\Pr[X \le 92.82] = 0.90$, $\Pr[X \le 100] = 0.954$을 만족한다고 한다. 평균 μ와 분산 σ^2을 찾아라.

독립인 두 정규분포 $X_1 \sim N(\mu_1, \sigma_1^2)$, $X_2 \sim N(\mu_2, \sigma_2^2)$에서 다음이 성립한다.

(1) $X_1 + X_2 \sim N(\mu_1 + \mu_2, \sigma_1^2 + \sigma_2^2)$

(2) $a_1 X_1 + a_2 X_2 \sim N(a_1\mu_1 + a_2\mu_2, a_1^2\sigma_1^2 + a_2^2\sigma_2^2)$

(2) $Z^2 = \left(\frac{X_1 - \mu_1}{\sigma_1}\right)^2$은 자유도가 1인 카이제곱 분포한다($Z^2 \sim \chi^2(1)$).

연습문제 6.2.6 [2015년도 교원임용고사 기출문제]

모집단 A는 어떤 지역의 20세 남자들로 이루어져 있다. 모집단 A에 속하는 남자의 키는 평균 175cm, 표준편차 5cm인 정규분포를 따른다고 한다. 모집단 A에서 임의로 뽑은 남자의 키(cm)와 몸무게(kg)를 각각 확률변수 X, Y라 할 때, $Y = \frac{2}{5}X + \alpha$가 성립한다고 하자. 여기서 α는 평균 0, 표준편차 $2\sqrt{3}$인 정규분포를 따르는 확률변수이고, X와 α는 독립이다. 확률 $P(Y > 72) = P(Z > k)$일 때, k의 값을 구하라(단, Z는 표준정규분포를 따르는 확률변수이다.)

연습문제 6.2.7 [2001년도 교원임용고사 기출문제]

400명이 모집정원인 공무원 임용 시험에 5,000명이 응시하였다. 응시자 전체의 성적 분포는 100점 만점에 평균이 55점, 표준편차가 8점인 정규분포를 이루었다. 이 시험에서 모집정원의 120%를 1차 합격자로 선발하고자 할 때, 1차 합격자의 최저 점수를 구하라. (단, $P(0 \le Z \le 1.3) = 0.4040$)

연습문제 6.2.8 [1999년도 교원임용고사 기출문제]

인구가 10만인 도시에서 시성에 대한 여론을 조사하였너니 남사 성인의 80%와 여사 성인의 90%가 시정을 지지하였다. 이 도시에서 남자 성인 400명과 여자 성인 400명을 뽑았을 때, 다음 확률을 구하라.

(1) 적어도 700명이 시정에 대하여 지지할 확률을 구하라

(2) 시정에 대한 지지자 중 여자가 남자보다 25명 더 많을 확률을 구하라.
(표준정규분포표는 제시됨)

연습문제 6.2.9 [1996년도 교원임용고사 기출문제]

정규분포 $N(\mu, \sigma^2)$에 따르는 확률변수 X에 대하여 $P(X \le 5) = P(X \ge 7), E(X^2) = 45$일 때, $\frac{\mu}{\sigma}$를 구하라.

연습문제 6.2.10 [1990년도 교원임용고사 기출문제]

어느 학교의 입학성적이 정규분포 $N(65, 10^2)$을 따른다고 한다. 수험생 1,600명 중에서 위에서부터 40등 이내에 들어가려면 몇 점 이상을 받아야 하는지 계산하라.
(단, $Z = \frac{X-\mu}{\sigma}$라 할 때, $P(0 \le Z \le 1.96) = 0.475$이고 점수는 정수로 한다.)

연습문제 6.2.11 [1990년도 교원임용고사 기출문제]

$X_1, X_2, \cdots, X_n$ 이 평균 μ, 분산 σ^2인 동일한 확률분포를 따르고 서로 독립이다. 이때, $\overline{X} = \frac{1}{n}\sum_{i=1}^{n} X_i$ 라고 하면 n이 충분히 클 때, $\overline{X}$는 어떤 정규분포를 따르는지 구하라.

이항분포의 정규근사에 대해 알아보기로 한다. 이항분포 $X \sim B(n, p)$에 대하여 n이 크면 이항분포의 pdf를 사용하여 확률을 구하는 계산과정이 매우 지루하고 쉽게 구할 수가 없다. 그래서 정규분포를 이용하여 근삿값을 구하게 된다. 그런데 이항분포는 이산확률분포로써 pdf의 높이, 즉 $\Pr[X=a]=f(a)$의 값이 존재하고 그 값이 확률이 되지만 정규분포는 연속확률분포이므로 한 점에서의 확률은 $\Pr[X=a]=f(a)=0$이 되어 존재하지 않게 되므로, 어떤 구간의 넓이로 확률을 구해야 한다. 그래서 이산확률변수를 연속확률변수로 근사 시킬 때는 다음과 같이 구간에서의 확률로 수정해야 되는데 이를 **연속성의 수정**(continuity correction)이라 한다.

$$\Pr[X=a]=\Pr[a-0.5 \le X \le a+0.5] \qquad \text{(연속성의 수정)}$$

이항분포 $X \sim B(n, p)$의 정규근사는 다음과 같다.

$$\begin{aligned}\Pr[a \le X \le b] &= \Pr[a-0.5 \le X \le b+0.5 \\ &= \Pr\left[\frac{a-0.5-np}{\sqrt{np(1-p)}} \le \frac{X-np}{\sqrt{np(1-p)}} \le \frac{b+0.5-np}{\sqrt{np(1-p)}}\right]\end{aligned}$$

여기서 $\dfrac{X-np}{\sqrt{np(1-p)}}$가 n이 크면 근사적으로 표준정규분포 $Z \sim N(0,1)$이므로,

$$\begin{aligned}\Pr[a \le X \le b] &= \Pr[a-0.5 \le X \le b+0.5] \\ &\fallingdotseq \Pr\left[\frac{a-0.5-np}{\sqrt{np(1-p)}} \le Z \le \frac{b+0.5-np}{\sqrt{np(1-p)}}\right]\end{aligned}$$

이 된다. 특히 $np>5$, $n(1-p)>5$일 때 잘 성립한다. 만약 n이 매우 크면 a, b값도 큰 값이므로 연속성의 수정(± 0.5)을 무시해도 비슷한 근사 값을 갖게 된다.

연습문제 6.2.12 [2009년도 임용 기출 문제]

1, 2, 3, 4의 숫자가 중복되지 않게 1개씩 각 면에 새겨져 있는 사각연필이 있다. 이 사각연필을 굴렸을 때, 각 면이 나올 확률이 같다고 하자. 이 사각연필을 80번 굴렸을 때, 윗면에 나온 수의 합이 216 이상일 확률을 x라 할 때, 표준정규분포함수 $\Phi(z)$를 이용하여 x를 가장 가깝게 나타낸 것은? (단, 표준정규분포함수는 Z가 표준정규확률변수일 때, $\Phi(z)=P(Z \le z)$로 정의된다.)

연습문제 6.2.13 [2014년도 교원임용고사 기출문제]

어느 도시의 성인 중 20%가 A 통신사를 이용한다고 한다. 이 도시의 성인 400명을 임의로 조사할 때, A 통신사를 이용하는 성인이 80명 이상 92명 이하가 될 확률을 이항분포의 정규근사를 이용하여 구하면 $P(0 \le Z \le k)$이다. k의 값을 구하라. (단, Z는 정규분포를 따르는 확률변수이고 연속성 보정은 하지 않는다.)

연습문제 6.2.14 [2006년도 임용 기출 문제]

정육면체 모양의 주사위가 있다. 이 주사위의 두 면에는 3, 나머지 네 면에는 1, 2, 4, 5가 각각 하나씩 적혀 있다. 이 주사위를 288번 던질 때, 짝수 눈이 나오는 횟수를 확률변수 X라 하면 X는 이항분포 $B(n, p)$를 따른다. 이때, X의 평균 $E(X)$와 분산 $V(X)$를 구하고 짝수 눈이 88번 이상 112번 이하로 나올 확률 $P(88 \le X \le 112)$를 정규근사시켜 구하라. (단, $P(88 \le X \le 112)$를 구하는 과정에서 연속성 수정(continuity correction)은 하지 않는다. 그리고 Z가 표준정규 확률변수일 때, $P(0 \le Z \le 1) = 0.3413$, $P(0 \le Z \le 2) = 0.4772$이다.)

6.3 감마분포와 카이제곱분포

처음 사건이 일어날 때까지 기다리는 시간은 지수분포를 따른다. 그렇다면 k번째 사건이 일어날 때까지 기다리는 시간은 어떤 분포를 할까? 지수분포와 마찬가지로 포아송 분포를 이용하여 누적분포함수를 유도한다. 이때 우리는 **감마함수**(gamma function)를 사용하게 되므로 이 분포를 **감마분포**(gamma distribution)라 한다. 감마분포의 특수한 경우로써 카이제곱분포를 소개한다.

확률변수 X의 확률밀도함수(p.d.f.) $f(x)$가 다음과 같을 때,

$$f(x;\alpha,\beta)=\frac{x^{\alpha-1}e^{-\frac{x}{\beta}}}{\beta^{\alpha}\Gamma(\alpha)}\ ,\ (0<x<\infty)$$

확률변수 X는 모수가 $\alpha>0, \beta>0$인 **감마분포**(gamma distribution)한다. 그리고 $X\sim Gam(\alpha,\beta)$로 나타낸다. 모수 α는 pdf 그래프의 기본모양을 결정하기 때문에 **형상모수**(shape parameter)라 하고, β는 분포의 퍼짐에 영향을 미치므로 **척도모수**(scale parameter)라 한다.
감마분포에서 다음과 같은 사실을 알 수 있다.

(사실 1) 모든 $\alpha>0$, $\Gamma(\alpha)=\int_0^{\infty}y^{\alpha-1}e^{-y}dy$가 **감마함수**(gamma function)이다.
$\Gamma(1)=1$, $\Gamma(\alpha)=(\alpha-1)\Gamma(\alpha-1)$이고 α가 양의 정수이면 $\Gamma(\alpha)=(\alpha-1)!$
그리고 $\Gamma(\frac{1}{2})=\sqrt{\pi}$이다.

$(\because)\ \Gamma(1)=\int_0^{\infty}e^{-y}dy=[-e^{-x}]_0^{\infty}=1$

$$\begin{aligned}\Gamma(\alpha)&=\int_0^{\infty}y^{\alpha-1}e^{-y}dy\\&=[-y^{\alpha-1}e^{-y}]_0^{\infty}+(\alpha-1)\int_0^{\infty}y^{\alpha-2}e^{-y}dy\\&=(\alpha-1)\Gamma(\alpha-1),\ \alpha>0\end{aligned}$$

$\Gamma(\frac{1}{2})=\sqrt{\pi}$는 연습문제로 남겨둔다($y=\frac{t^2}{2}$으로 치환해서 구해보자).

(사실 2) 감마함수에서 $y=\dfrac{x}{\beta}$로 치환하면 감마분포의 확률밀도함수가 유도된다.

$$\alpha>0,\ \Gamma(\alpha)=\int_0^\infty \left(\frac{x}{\beta}\right)^{\alpha-1}e^{-\frac{x}{\beta}}\frac{1}{\beta}dx \text{ 로부터 } \int_0^\infty \frac{x^{\alpha-1}e^{-\frac{x}{\beta}}}{\Gamma(\alpha)\beta^\alpha}dx=1\text{이 된다.}$$

(사실 3) 감마분포의 cdf를 포아송 분포를 사용하여 구해보자. 포아송 과정에서 단위구간에서 사건이 일어날 확률을 λ라고 하고, k번째 사건이 일어날 때까지 기다리는 시간을 확률변수 W로 두면 W의 누적분포함수는 다음과 같이 유도된다.

$F(w)=\Pr[W\le w]=1-\Pr[W>w]$에서 사건 $W>w$는 구간 w에서 사건이 k개미만 일어나는 사건이므로 포아송 분포를 이용하여 다음과 같이 구할 수 있다.

$$\Pr[W>w]=\sum_{x=0}^{k-1}\Pr(X=x) \quad \text{여기에서 } X\sim Poi(\lambda w)\text{이므로}$$

$$=\sum_{x=0}^{k-1}\frac{(\lambda w)^x e^{-\lambda w}}{x!}=\int_{\lambda w}^\infty \frac{z^{k-1}e^{-z}}{(k-1)!}dz \qquad \text{(연습문제)}$$

$$F(w)=1-\int_{\lambda w}^\infty \frac{z^{k-1}e^{-z}}{(k-1)!}dz=\int_0^{\lambda w}\frac{z^{k-1}e^{-z}}{\Gamma(k)}dz,\ \lambda>0$$

$$=\int_0^w \frac{\lambda^k y^{k-1}e^{-\lambda y}}{\Gamma(k)}dy,\ w>0 \qquad (z=\lambda y\text{로 치환})$$

$$f(w)=F'(w)=\frac{\lambda^k w^{k-1}e^{-\lambda w}}{\Gamma(k)},\ 0<w<\infty$$

여기에서 $\alpha=k,\ \beta=\dfrac{1}{\lambda},\ x=w$로 두면 다음과 같은 감마분포의 pdf가 된다.

$$f(x;\alpha,\beta)=\frac{x^{\alpha-1}e^{-\frac{x}{\beta}}}{\beta^\alpha\Gamma(\alpha)},\ (0<x<\infty)$$

또한 감마확률변수 X는 α번 사건이 일어날 때까지 기다리는 시간이며 이때 β는 처음 사건이 일어날 때까지 기다리는 평균 시간을 의미함을 알 수 있다. 그리고 $\alpha=1$일 때 지수분포가 된다 ($\mathrm{Exp}(\beta)$).

(사실 4) $X\sim Gam(\alpha,\beta)$일 때 적률생성함수와 평균 그리고 분산은 다음과 같다.

$$M_X(t)=\frac{1}{(1-\beta t)^{\alpha}},\ t<\frac{1}{\beta},\quad \mu=\alpha\beta,\ \ \sigma^2=\alpha\beta^2$$

$$(\because)\ M_X(t)=E[e^{tX}]=\int_0^{\infty} e^{tx}\frac{x^{\alpha-1}e^{-\frac{x}{\beta}}}{\Gamma(\alpha)\beta^{\alpha}}dx$$

$$=\int_0^{\infty}\frac{x^{\alpha-1}e^{-\frac{x(1-\beta t)}{\beta}}}{\Gamma(\alpha)\beta^{\alpha}}dx$$

$y=\dfrac{x(1-\beta t)}{\beta},\ t<\dfrac{1}{\beta}$로 치환하면

$$M_X(t)=\int_0^{\infty}\frac{\beta/(1-\beta t)}{\Gamma(\alpha)\beta^{\alpha}}\left(\frac{\beta y}{1-\beta t}\right)^{\alpha-1}e^{-y}dy$$

$$=\left(\frac{1}{1-\beta t}\right)^{\alpha}\int_0^{\infty}\frac{1}{\Gamma(\alpha)}y^{\alpha-1}e^{-y}dy$$

$$=\left(\frac{1}{1-\beta t}\right)^{\alpha},\ \ t<\frac{1}{\beta}$$

평균과 분산은 연습문제로 남겨둔다.

(사실 5) 독립인 두 감마분포 $X_1 \sim Gam(\alpha_1,\beta)$, $X_2 \sim Gam(\alpha_2,\beta)$의 합 분포는 감마분포한다. 즉 $Y=X_1+X_2 \sim Gam(\alpha_1+\alpha_2,\beta)$

$(\because)$ $M_Y(t)=E(e^{tY})=E(e^{t(X_1+X_2)})=E(e^{tX_1})E(e^{tX_2})$는 X_1, X_2가 독립일 때 성립하므로, $M_Y(t)=M_{X_1}(t)M_{X_2}(t)=\left(\frac{1}{1-\beta t}\right)^{\alpha_1}\left(\frac{1}{1-\beta t}\right)^{\alpha_2}=\left(\frac{1}{1-\beta t}\right)^{\alpha_1+\alpha_2}$가 되고 mgf의 유일성 성질에 의해 $X_1+X_2 \sim Gam(\alpha_1+\alpha_2,\beta)$ 한다.

(사실 6) 감마분포에서 $\alpha=\frac{r}{2}$, $\beta=2$일 때 **카이제곱분포**(chisquare distribution)라 하고, 자유도가 r이다. $\chi(r)$로 나타낸다. 확률밀도함수는 다음과 같다.

$$f(x)=\frac{x^{\frac{r}{2}-1}e^{-\frac{x}{2}}}{2^{\frac{r}{2}}\Gamma(\frac{r}{2})},\ (0<x<\infty)$$

연습문제 6.2.1 다음 식이 성립함을 밝혀라.

$$\sum_{x-0}^{k-1} \frac{(\lambda w)^x e^{-x}}{x!} = \int_{\lambda w}^{\infty} \frac{z^{k-1} e^{-z}}{(k-1)!} dz$$

연습문제 6.2.2 확률변수 $X \sim Gam(\alpha, \beta)$일 때 적률생성함수를 이용하여 평균과 분산을 구하라.

예제 6.2.3 1초마다 라우터에 들어오는 신호는 평균 2회인 포아송 과정을 따른다고 한다. 확률면수 X를 10번째 신호가 들어올 때까지의 시간이라 한다.

(1) 확률변수 X는 감마분포 $Gam(10,2)$하므로 평균은 5초 표준편차는 $\sqrt{40}$ 초이다.

(2) 10번째 신호가 들어올 때까지 시간이 2초 이상일 확률은 감마분포를 이용하여

$$\Pr[X \geq 2] = 1 - \Pr[X < 2] = \int_0^2 \frac{x^{2-1} e^{-\frac{x}{2}}}{2^2 \Gamma(2)} dx \text{ 이다.}$$

또는 $Gam(10,2)$는 $\chi(5)$와 같으므로 자유도가 5인 카이제곱분포에서 2 이상일 확률을 구해도 된다.

연습문제 6.2.4 적률생성함수가 $M_X(t) = \dfrac{1}{(1-2t)^5},\ t < \dfrac{1}{\beta}$이면 무슨 분포인가?

연습문제 6.2.5 $X \sim \chi^2(10)$일 때 $\Pr[X \geq \chi^2_{0.05}(10)] = 0.05$, $\Pr[X \leq \chi^2_{0.975}(10)] = 0.975$에서 $\chi^2_{0.05}(10), \chi^2_{0.975}(10)$를 카이제곱분포표에서 찾아라.

제7장

다변량 확률변수

7.1 결합확률밀도함수와 확률변수의 독립

지금까지는 하나의 확률변수에 대해 살펴보았다. 그러나 관심의 대상이 여러 가지 경우에서는 2개 이상의 확률변수를 고려할 필요가 있는데 이를 다변량 확률변수라고 한다. 예를 들어 학생들의 키와 몸무게는 어떤 관련성이 있는가에 대해 관심이 있다면 2개의 확률변수를 동시에 고려하여야 한다. 이렇게 2개 이상의 확률변수를 동시에 생각하는 확률분포를 **결합확률분포**(joint distribution)라 하고, 이때의 누적분포함수를 **결합누적분포함수**(joint cumulative distribution function) 그리고 확률밀도함수를 **결합확률밀도함수**(joint probability density function)라 한다. 이산형결합분포에서는 구분하여 **결합확률질량함수**(joint probability mass function)라고도 한다. 그러나 여기에서는 이산형과 연속형에 대해서 구분 없이 결합확률밀도함수라고 하기로 한다.

정의 7.1.1 결합누적분포함수(joint cumulative distribution function)

두 확률변수 X, Y의 결합누적분포함수는 다음과 같이 정의한다.

$$F(x,y) = P[X \le x,\ Y \le y]$$

결합 cdf는 $F_{X,Y}(x,y)$, $F(x,y)$라고 표현한다.

두 확률변수 X, Y의 결합 cdf $F(x,y)$에 대해 다음이 성립한다.

(1) $\lim_{x \to -\infty} F(x,y) = 0,\ \lim_{y \to -\infty} F(x,y) = 0$

(2) $\lim_{x,y \to \infty} F(x,y) = F(\infty,\infty) = 1$

(3) $a < b,\ c < d$에 대하여,

$$P[a < X \le b, c < Y \le d] = F(b,d) - F(b,c) - F(a,d) + F(a,c).$$

정의 7.1.2 결합확률밀도함수(joint probability density function)

(1) 두 이산확률변수 X, Y의 결합확률밀도함수는 다음과 같이 정의한다.
모든 가능한 (x,y)에 대하여, $f(x,y)=P[X=x,\ Y=y]$

(2) 두 연속확률변수 X, Y의 결합확률밀도함수는 다음과 같이 정의한다.
모든 가능한 (x,y)에 대하여, 함수 $f(x,y)$가 존재하여
$F(x,y)=\int_{-\infty}^{y}\int_{-\infty}^{x} f(t_1,t_2)dt_1dt_2$가 성립할 때, $f(x,y)$를 결합 pdf라 한다.

결합확률밀도함수는 다음이 성립한다.

(1) 모든 가능한 (x,y)에 대하여, $f(x,y)\ge 0$

(2) $\sum_x\sum_y f(x,y)=1$ (이산형), $\int_{-\infty}^{\infty}\int_{-\infty}^{\infty} f(x,y)dxdy=1$ (연속형)

(3) $\Pr[a\le X\le b,\ c\le Y\le d]=\sum_{x=a}^{b}\sum_{y=c}^{d} f(x,y)$ (이산형)

$=\int_a^b\int_c^d f(x,y)dydx$ (연속형)

예제 7.1.1 두 이산확률변수 X, Y의 결합확률밀도함수 다음과 같을 때 물음에 답하라.

$$f(x,y)=\frac{x+y}{21},\ x=1,2,3\ \ y=1,2$$

(1) $\Pr[X=3,\ 1\le Y\le 2]=\sum_{x=3}^{3}\sum_{y=1}^{2} f(x,y)=f(3,1)+f(3,2)=\frac{4+5}{21}=\frac{3}{7}$

(2) $\Pr[2\le X\le 3,\ Y=1]=\sum_{x=2}^{3}\sum_{y=1}^{1} f(x,y)=f(2,1)+f(3,1)=\frac{3+4}{21}=\frac{1}{3}$

예제 7.1.2 두 개의 주사위를 던져 윗면에 나타나는 숫자 중에 작은 수를 확률변수 X, 큰 수를 확률변수 Y라 하면 두 확률변수의 결합확률밀도함수는 다음과 같다.

$$f(x,y)=\begin{cases}\frac{1}{36}, & 1\le x=y\le 6\\ \frac{2}{36}, & 1\le x<y\le 6\end{cases}$$

결합확률밀도함수를 표로 나타내면 다음과 같다.

$Y \diagdown X$	1	2	3	4	5	6	계
1	1/36	0	0	0	0	0	1/36
2	2/36	1/36	0	0	0	0	3/36
3	2/36	2/36	1/36	0	0	0	5/36
4	2/36	2/36	2/36	1/36	0	0	7/36
5	2/36	2/36	2/36	2/36	1/36	0	9/36
6	2/36	2/36	2/36	2/36	2/36	1/36	11/36
계	11/36	9/36	7/36	5/36	3/36	1/36	1

예제 7.1.3 두 연속확률변수 X, Y의 결합확률밀도함수 다음과 같을 때 물음에 답하라.

$$f(x,y) = 1,\ (0 \le x, y \le 1)$$

(1) $\Pr[0.5 \le X \le 1,\ 0.2 \le Y \le 0.5] = \int_{0.5}^{1}\int_{0.2}^{0.5} 1dydx = 0.15$

(2) $\Pr[|X - Y| \le \frac{1}{4}] = \frac{7}{16}$

(3) $\Pr[0.5 \le X \le 1,\ 0 \le Y \le 1] = \int_{0.5}^{1}\int_{0}^{1} 1dydx = 0.5$

연습문제 7.1.4 남녀 한 쌍이 오후 1시에서 오후 2시 사이에 만나기로 하고 각자가 임의로 나타나서 15분만 기다린다고 한다. 이때 두 남녀가 만날 확률은 얼마인가? **(답)** $\frac{7}{16}$ 만약 10분만 기다린다고 한다면 이때 만날 확률은?

두 이산확률변수 X, $Y \sim f(x,y)$에서

$$\Pr[X = x] = \Pr[X = x,\ -\infty \le Y \le \infty] = \sum_y f(x,y)$$

는 x만의 함수이므로 이것을 $f_X(x)$로 나타내고 확률변수 X의 **주변확률밀도함수**(marginal pdf)라 한다. 마찬가지로 확률변수 Y의 주변확률밀도함수는 $f_Y(y) = \sum_x f(x,y)$와 같다.

비슷하게 생각하면, 두 연속확률변수 $X, Y \sim f(x,y)$에서 주변확률밀도함수는 각각 $f_X(x) = \int_{-\infty}^{\infty} f(x,y)dy$, $f_Y(y) = \int_{-\infty}^{\infty} f(x,y)dx$와 같다.

정의 7.1.3 두 확률변수의 독립(independent random variables)

두 확률변수 X, Y의 결합확률밀도함수가 $f(x,y)$, $x \in S_1, y \in S_2$이고, 각각의 주변확률밀도함수는 $f_X(x), x \in S_x$, $f_Y(y)$, $y \in S_y$이다.

확률변수 X, Y의 joint pdf 가 다음과 같을 때 X, Y는 **독립**(independent)이라고 한다. 그렇지 않으면 **종속**(dependent)이라 한다.

$$f(x,y) \equiv f_X(x) f_Y(y),\ x \in S_x,\ y \in S_y$$

연습문제 7.1.5 두 연속확률변수 X와 Y의 결합확률밀도함수(joint probability density function)는

$$f(x,y) = \begin{cases} \frac{1}{5}xy(1-x+y), & 0 < x < 1, 1 < y < 3 \\ 0 & \text{그 외의 경우} \end{cases}$$

라 하자.

(1) X, Y의 주변확률밀도함수(marginal probability density function) $f_X(x)$와 $f_Y(y)$를 각각 구하라.

(2) 두 확률변수는 독립인가?

연습문제 7.1.6 두 이산확률변수 X, Y의 결합확률밀도함수 다음과 같을 때 marginal pdf를 구하고 독립 여부를 판단하라.

$$f(x,y) = \frac{x+y}{21},\quad (x = 1,2,3,\ y = 1,2)$$

연습문제 7.1.7 두 연속확률변수 X, Y의 결합확률밀도함수 다음과 같을 때 marginal pdf를 구하고 독립 여부를 판단하라.

$$f(x,y) = 2,\ (0 \le x \le y \le 1)$$

연습문제 7.1.8 두 연속확률변수 X, Y의 결합확률밀도함수 다음과 같을 때 X, Y는 독립인가?

$$f(x,y) = 1,\ (0 \leq x, y \leq 1)$$

연습문제 7.1.9 두 이산확률변수 X, Y의 결합확률밀도함수 다음과 같을 때 marginal pdf를 구하고 독립 여부를 판단하라.

$$f(x,y) = \frac{xy^2}{30},\ (x = 1,2,3,\ y = 1,2)$$

연습문제 7.1.10 두 이산확률변수 X, Y의 결합확률밀도함수 다음과 같을 때 marginal pdf를 구하고 독립 여부를 판단하라.

$$f(x,y) = \frac{xy^2}{13},\ ((x,y) = (1,1),(1,2),(2,2))$$

일반적으로 두 확률변수의 공간이 사각형이고 joint pdf가 변수들의 함수의 곱으로 되어 있으면 독립이고 그렇지 않으면 종속이다. 위의 연습문제에서 7.1.5, 7.1.8, 7.1.9는 독립이고 7.1.6, 7.1.7, 7.1.10은 종속이다.

7.2 조건부 확률밀도함수와 조건부 기댓값

표본공간 S에서 사건 A가 주어진 가운데 사건 B가 일어날 조건부 확률 $P(B|A)$와 마찬가지로 2개 이상의 다변량 확률분포에서도 확률변수 $Y=y$가 주어진 가운데 확률변수 X의 **조건부 확률밀도함수**(conditional pdf)와 **조건부 기댓값**(conditional expectation)을 다루게 된다. 예를 들어서 학생들의 키(X)와 몸무게(Y)의 관련성을 다룰 때 몸무게가 $Y=60$kg인 학생들의 키의 분포, 평균, 분산 등에 관심이 있다면 이는 곧 조건부 확률밀도함수, **조건부평균**(conditional mean), **조건부분산**(conditional variance) 등을 의미한다.

두 확률변수 $X,\ Y \sim f(x,y), x\in S_1, y\in S_2$에서 조건부 확률은 다음과 같으므로

$$P(A|B)=\frac{P(A\cap B)}{P(B)}=\frac{\Pr[X\in A,\ Y\in B]}{\Pr[Y\in B]},\ A\subseteq S_1, B\subseteq S_2$$

이산확률변수에서 $A=\{X=x\}, B=\{Y=y\}$라 두면 위의 식은 다음과 같다.

$$P(A|B)=\frac{P(A\cap B)}{P(B)}=\frac{\Pr[X=x,\ Y=y]}{\Pr[Y=y]}=\frac{f(x,y)}{f_Y(y)}=f(x|y)$$

그리고 위의 $f(x|y)$는 확률밀도함수의 성질을 만족하게 된다. 즉, $f(x|y)>0$이고 $\sum_{x\in S_1} f(x|y)=\frac{\sum_{x\in S_1} f(x,y)}{f_Y(y)}=\frac{f_Y(y)}{f_Y(y)}=1$이다. 이를 연속확률변수에서도 비슷하게 유추하면 다음과 같이 조건부 pdf를 정의할 수 있다.

정의 7.2.1 조건부 확률밀도함수(conditional probability density function)

두 확률변수 X, Y의 결합밀도함수는 $f(x,y), x\in S_1, y\in S_2$이고 주변확률밀도함수는 각각 $f_X(x), x\in S_1$, $f_Y(y), y\in S_2$일 때 주어진 $Y=y$에서 X의 조건부 확률밀도함수(conditional pdf)는 다음과 같이 정의한다.

$$f_{X|y}(x|y)=\frac{f(x,y)}{f_Y(y)},\ f_Y(y)>0,\ x\in S_1$$

조건부 pdf는 $f_{X|y}(x|y)$, $f(x|y)$라고 표현한다.

마찬가지로 조건부 pdf $f(y|x)=\frac{f(x,y)}{f_X(x)}$, $f_X(x)>0$로 정의할 수 있다.

조건부 pdf $f(x|y)$, $f(y|x)$는 확률밀도함수의 성질을 만족하므로 다음이 성립한다.

(1) 주어진 $Y=y$에서 조건부 확률 $a \le X \le b$은 다음과 같이 구할 수 있다.

$$P[a \le X \le b | Y=y] = \begin{cases} \sum_{x=a}^{b} f(x|y) & (\text{이산형}) \\ \int_a^b f(x|y)dx & (\text{연속형}) \end{cases}$$

(2) 주어진 $Y=y$에서 조건부 기댓값 $E[u(X)|y]$은 다음과 같이 구할 수 있다.

$$E[u(X)|y] = \begin{cases} \sum_{x \in S_1} u(x)f(x|y) & (\text{이산형}) \\ \int_{-\infty}^{\infty} u(x)f(x|y)dx & (\text{연속형}) \end{cases}$$

(3) $E[X|y]$와 $Var[X|y] = E[(X-E(X|y))^2|y]$가 존재하면 이를 주어진 $Y=y$에서 X의 조건부평균(conditional mean), 조건부분산(conditional variance)이라고 한다. 물론 우리는 $E[(X-E(X|y))^2|y] = E[X^2|y] - \{E[X|y]\}^2$임을 알 수 있다.

예제 7.2.1 두 이산확률변수 X, Y의 결합확률밀도함수 다음과 같을 때 물음에 답하라.

$$f(x,y) = \frac{x+y}{21}, \; x=1,2,3 \; y=1,2$$

(1) 주어진 $Y=y$에서 X의 조건부 확률밀도함수(conditional pdf)는 Y의 주변 pdf가

$f_Y(y) = \sum_{x=1}^{3} f(x,y) = \frac{1+y}{21} + \frac{2+y}{21} + \frac{3+y}{21} = \frac{2+y}{7}$, $y=1,2$이므로

$f(x|y) = \frac{f(x,y)}{f_Y(y)} = \frac{(x+y)/21}{(2+y)/7} = \frac{x+y}{3(2+y)}$, $x=1,2,3, y=1,2$ $y=1,2$이다.

(2) 주어진 $Y=2$에서 X의 조건부 확률밀도함수(conditional pdf)는 다음과 같다.

$$f(x|y=2) = \frac{x+2}{12}, \; x=1,2,3$$

(3) 주어진 $Y=y$에서 X의 조건부평균은 다음과 같다.

$$\mu_{X|y} = E[X|y] = \sum_{x=1}^{3} xf(x|y) = \sum_{x=1}^{3} x \cdot \frac{x+y}{3(2+y)} = \frac{14+6y}{6+3y}, \; y=1,2$$

그러므로 $Y=1$에서 X의 조건부평균 $E[X|y=1]=\frac{14+6}{6+3}=\frac{20}{9}$이고, 조건부 분산은 $E[X^2|y=1]-(E[X|y=1])^2=\frac{50}{9}-\left(\frac{20}{9}\right)^2=\frac{50}{81}$이 된다.

예제 7.2.2 두 개의 주사위를 던져 윗면에 나타나는 숫자 중에 작은 수를 확률변수 X, 큰 수를 확률변수 Y라 하면 두 확률변수의 결합확률밀도함수는 다음과 같다.

$$f(x,y)=\begin{cases}\frac{1}{36}, & 1\le x=y\le 6\\ \frac{2}{36}, & 1\le x<y\le 6\end{cases}$$

결합확률밀도함수를 표로 나타내면 다음과 같다.

$Y \setminus X$	1	2	3	4	5	6	계
1	1/36	0	0	0	0	0	1/36
2	2/36	1/36	0	0	0	0	3/36
3	2/36	2/36	1/36	0	0	0	5/36
4	2/36	2/36	2/36	1/36	0	0	7/36
5	2/36	2/36	2/36	2/36	1/36	0	9/36
6	2/36	2/36	2/36	2/36	2/36	1/36	11/36
계	11/36	9/36	7/36	5/36	3/36	1/36	1

(1) 주어진 $Y=2$에서 X의 조건부 확률밀도함수(conditional pdf)는 다음과 같다.

$$f(x|2)=\begin{cases}\frac{2}{3}, & x=1\\ \frac{1}{3}, & x=2\end{cases}$$

(2) 주어진 $Y=2$에서 X의 조건부평균은 다음과 같다.

$$E[X|y=2]=\sum_{x=1}^{2}xf(x|2)=1\cdot\frac{2}{3}+2\cdot\frac{1}{3}=\frac{4}{3}$$

(3) 주어진 $Y=2$에서 X의 조건부분산을 구하라. (연습문제로 남겨둔다.)

(4) 확률 $P[1<X\le 2|Y=2]=\frac{1}{3}$이 되지만 $P[0<X\le 2]=\frac{1}{4}$이 된다.

연습문제 7.2.3 두 연속확률변수 X와 Y의 결합확률밀도함수(joint probability density function)는

$$f(x,y)=\begin{cases}\frac{1}{5}xy(1-x+y), & 0<x<1, 1<y<3\\ 0 & \text{그 외의 경우}\end{cases}$$

라 하자.

(1) 주어진 $Y=2$에서 X의 조건부 확률밀도함수(conditional pdf) $f(x|2)$를 구하라.

(2) 주어진 $Y=2$에서 X의 조건부평균 $E[X \mid 2]$, 조건부 분산 $Var[X \mid 2]$를 구하라.

연습문제 7.2.4 두 연속확률변수 X, Y의 결합확률밀도함수 다음과 같다.

$$f(x,y)=2,\ (0 \le x \le y \le 1)$$

(1) 주어진 $Y=y$에서 X의 조건부 확률밀도함수(conditional pdf) $f(x|y)$를 구하라.

(2) 주어진 $Y=y$에서 X의 조건부평균 $E[X \mid y]$, 조건부 분산 $Var[X \mid y]$를 구하라.

(3) 확률 $P[0<X\le \frac{1}{2} \mid Y=\frac{3}{4}]$과 $P[0<X\le \frac{1}{2}]$을 구하고 그 값을 비교하라.

연습문제 7.2.5 [2016학년도 교원임용고사 기출문제]

앞면이 나올 확률이 $p(0<p<1)$인 동전을 학생 A가 n번 던지고, 학생 B가 $2n$번 던진다. 학생 A가 던져서 앞면이 나온 횟수와 학생 B가 던져서 앞면이 나온 횟수의 합이 2일 때, 학생 A가 던져서 앞면이 나온 횟수가 1일 확률이 $\frac{6}{13}$이다. n의 값을 구하라.

풀이

확률변수 X : 학생 A의 앞면 횟수 $B(n,p)$

확률변수 Y : 학생 B의 앞면 횟수 $B(2n,p)$

확률변수 $Z=X+Y$: 합 $B(3n,p)$ ($\because$ 독립인 두 이항분포의 합은 이항분포하므로)

구하고자 하는 조건부 확률은

$$\frac{\Pr[X=1, Z=2]}{\Pr[Z=2]} = \frac{\Pr[X=1,\ Y=1]}{\Pr[Z=2]}$$

$$= \frac{{}_{n}C_{1}p^{1}(1-p)^{n-1}\,{}_{2n}C_{1}p^{1}(1-p)^{2n-1}}{{}_{3n}C_{2}p^{2}(1-p)^{3n-2}}$$

$$= \frac{n \cdot 2n}{3n \cdot (3n-1)/2!} = \frac{4n}{9n-3} = \frac{6}{13}$$

그러므로 $n=9$이다.

7.3 상관계수

다변량 확률변수들의 관련성을 알아보기 위해 **상관계수**(correlation coefficient)를 사용하기도 한다. 예를 들어 키와 몸무게의 관련성, 국어 수학 영어 사회 과학 성적 사이에는 어떤 관련성이 있는지 등을 알아볼 경우에 상관계수를 사용한다.

두 확률변수 X, Y, μ_X, μ_Y, σ_X, σ_Y 는 각 확률변수의 평균과 표준편차이다.

공분산(covariance) : $Cov(X, Y) = E[(X-\mu_X)(Y-\mu_Y) = E[XY] - \mu_X \cdot \mu_Y$

상관계수(correlation coefficient) : $\rho = \dfrac{Cov(X, Y)}{\sigma_X \sigma_Y} = \dfrac{E[(X-\mu_X)(Y-\mu_Y)]}{\sigma_X \sigma_Y}$

예제 7.3.1 확률변수 X, Y 의 결합확률밀도함수가 다음과 같을 때 상관계수를 구하라.

$$f(x, y) = x + y, \quad (0 < x < 1, 0 < y < 1)$$

풀이

$$\mu_X = E(X) = \int_0^1 \int_0^1 x(x+y)dxdy = \frac{7}{12}$$

$$\sigma_X = E(X^2) - \mu_X^2 = \int_0^1 \int_0^1 x^2(x+y)dxdy - (\frac{7}{12})^2 = \frac{11}{144}$$

마찬가지로 $\mu_Y = E(Y) = \frac{7}{12}$, $\sigma_Y^2 = \frac{11}{144}$ 이다.

$$Cov(X, Y) = E[XY] - \mu_X \mu_Y = \int_0^1 \int_0^1 xy(x+y)dxdy - (\frac{7}{12})^2 = -\frac{1}{144}$$

따라서 X, Y 의 상관계수는 $\rho = \dfrac{-\frac{1}{144}}{\sqrt{(\frac{11}{144})(\frac{11}{144})}} = -\dfrac{1}{11}$ 이 된다.

상관계수의 성질은 다음과 같다.

(1) 범위는 $-1 \le \rho \le 1$이다.

(2) $\rho = 1$ 이면 $y = ax + b$, $a > 0$이고, $\rho = -1$ 이면 $y = ax + b$, $a < 0$이다.

즉, $\rho = \pm 1$이면 확률변수 X, Y는 선형 관계에 있다.

(3) $|\rho| \to 1$에 가까워질수록 X, Y가 선형식, $Y = aX + b$, 주변에 모여 있을 확률이 높다. 즉, 상관계수는 X, Y의 선형관계를 나타내는 척도로 사용할 수 있다.

(4) X, Y가 독립이면 $\rho = 0$이다. 그 역은 이변량 정규분포일 때 성립한다.

확률변수 X, Y의 결합적률생성함수 (joint mgf)는 $M_{X,Y}(t_1, t_2) = E[e^{t_1 X + t_2 Y}]$이다. 이를 이용하여 다음과 같이 평균, 분산, 공분산, 상관계수를 구할 수 있다.

$$\mu_X = [\frac{d}{dt_1} M_{X,Y}(t_1, t_2)]_{t_1 = t_2 = 0}, \quad \mu_Y = [\frac{d}{dt_2} M_{X,Y}(t_1, t_2)]_{t_1 = t_2 = 0}$$

$$\sigma_X^2 = [\frac{d^2}{dt_1^2} M_{X,Y}(t_1, t_2)]_{t_1 = t_2 = 0} - \mu_X^2, \quad \sigma_Y^2 = [\frac{d^2}{dt_2^2} M_{X,Y}(t_1, t_2)]_{t_1 = t_2 = 0} - \mu_Y^2$$

$$Cov(X, Y) = [\frac{d^2}{dt_1 dt_2} M_{X,Y}(t_1, t_2)]_{t_1 = t_2 = 0} - \mu_X \mu_Y$$

예제 7.3.2 두 연속확률변수 X와 Y의 결합확률밀도함수(joint probability density function)가

$$f(x, y) = \begin{cases} e^{-y}, & 0 < x < y < \infty \\ 0 & \text{그 외의 경우} \end{cases}$$

일 때 join mgf는 다음과 같고,

$$M(t_1, t_2) = \int_0^\infty \int_x^\infty e^{t_1 x + t_2 y - y} dy dx = \frac{1}{(1 - t_1 - t_2)(1 - t_2)}, \; t_1 + t_2 < 1, t_2 < 1$$

이를 이용하여 다음을 구할 수 있다.

$$\mu_X = 1, \; \mu_Y = 2, \sigma_X^2 = 1, \sigma_Y^2 = 2, Cov(X, Y) = 1, \rho = \frac{\sqrt{2}}{2}$$

제8장

표본 분포

8.1 확률표본과 통계량

8.2 확률변수들의 함수의 분포

8.3 순서통계량의 분포

8.4 표본평균의 분포와 중심극한정리

8.1 확률표본과 통계량

모집단(population)은 관심의 대상 전체집단을 의미하고, 모집단의 분포는 확률변수 X와 확률밀도함수 $f(x;\theta)$로 나타낼 수 있으며, 여기에서 θ를 **모수**(parameter)라고 한다. 예를 들어 이항분포 $B(n,p)$에서는 모수가 n,p이고, 포아송 분포 $Poi(\mu)$에서는 μ, 정규분포 $N(\mu,\sigma^2)$에서는 μ,σ^2, 지수분포 $\mathrm{Exp}(\theta)$에서는 θ, 감마분포 $\Gamma(\alpha,\beta)$에서는 α,β가 모수이다. 모수는 모집단의 수치적 특성치로써 모수가 주어지면 모집단의 분포가 특정 지워지며 이를 이용하여 확률을 계산할 수 있다. 특히 자주 사용되는 모수는 모평균(mean) μ, 모분산(varience) σ^2, 모표준편차(standard deviation) σ, 모비율(proportion) p, 상관계수 ρ 등이 있다. 지금까지 공부한 확률, 조건부 확률, 확률변수, 누적분포함수, 확률밀도함수, 결합확률밀도함수, 주변확률밀도함수, 조건부 확률밀도함수, 확률계산, 수학적 기댓값 등은 주어진 모집단의 분포에 대한 내용으로 확률 및 통계학에서 확률론 부분이라고 볼 수 있다. 지금부터는 확률 및 통계학에서 통계학 부분으로 **통계적 추론**(statistical inference)을 다루고자 한다.

통계적 추론은 모집단의 특성치인 모수에 대한 추정과 가설검정을 하는 것이다. 우리는 모집단의 정보를 알기위해서 표본을 추출하는데 전체 모집단 전부를 추출하여 조사하는 것을 전수조사라 하고 일부분을 추출하여 조사하는 것을 표본조사라고 한다. 모집단에서 임의로 추출한 표본을 **확률표본**(random sample)이라고 한다. 임의로 n개의 표본을 추출했다는 것은 표본들이 서로 독립적으로 추출되어야 하고 각 표본은 모두 같은 모집단 분포에서 추출하여야 한다는 것을 의미하므로 확률표본을 다음과 같이 정의한다.

정의 8.1.1 확률표본(random sample)

모집단의 분포 $X \sim f(x;\theta)$에서 표본크기 n인 확률표본 $X_1, X_2, \cdots, X_n$는 다음 두 조건을 만족하여야 한다.

(1) $X_1, X_2, \cdots, X_n$는 서로 독립인 **확률변수**(random variable)이다.

(2) 모든 i에 대하여 $X_i \sim f(x_i,\theta)$이다. 즉 모집단 분포와 동일하다.

확률표본을 다르게 표현한다면 $X_1, X_2, \cdots, X_n \sim iid\ f(x)$라 한다. 여기에서 iid는 independent and identically distributed의 약자로써 독립이고 동일한 분포를 따른다는 것

을 의미한다. 그러므로 확률표본 $X_1, X_2, \cdots, X_n$의 결합확률밀도함수는 다음과 같다.

$$f(x_1, x_2, \cdots, x_n) = f(x_1)f(x_2)\cdots f(x_n) = \prod_{i=1}^{n} f(x_i)$$

예제 8.1.1 정규분포 모집단 $X \sim N(\mu, \sigma^2)$에서 임의추출한 확률표본 $X_1, X_2, \cdots, X_n$의 결합확률밀도함수는 다음과 같다.

$$f(x_1, x_2, \cdots, x_n) = \prod_{i=1}^{n} f(x_i) = (2\pi)^{-\frac{n}{2}} e^{-\frac{\sum_{i=1}^{n}(x_i-\mu)^2}{2\sigma^2}}, (-\infty < x_i < \infty)$$

예제 8.1.2 포아송 분포 모집단 $X \sim Poi(\mu)$에서 임의추출한 확률표본 $X_1, X_2, \cdots, X_n$의 결합확률밀도함수는 다음과 같다.

$$f(x_1, x_2, \cdots, x_n) = \prod_{i=1}^{n} f(x_i) = \frac{\mu^{\sum_{i=1}^{n} x_i} e^{-n\mu}}{x_1! x_2! \cdots x_n!}, (x_i = 0, 1, 2, \cdots)$$

예제 8.1.3 베르누이 시행에서 $X \sim B(1, p)$에서 임의추출한 확률표본 $X_1, X_2, \cdots, X_n$의 결합확률밀도함수는 다음과 같다.

$$f(x_1, x_2, \cdots, x_n) - \prod_{i=1}^{n} f(x_i) - p^{\sum_{i=1}^{n} x_i}(1-p)^{n-\sum_{i=1}^{n} x_i}, (x_i - 0, 1)$$

예제 8.1.4 균일분포 $X \sim Uniform(0, 1)$에서 임의추출한 확률표본 $X_1, X_2, \cdots, X_n$의 결합확률밀도함수는 다음과 같다.

$$f(x_1, x_2, \cdots, x_n) = \prod_{i=1}^{n} f(x_i) = 1, \ (0 < x_i < 1)$$

통계량(statistic)은 모수를 포함하지 않는 확률표본의 함수로써 모수를 추론하기 위한 것이다. 즉 $u(X_1, X_2, \cdots, X_n)$가 모수를 포함하지 않을 때 통계량이라고 한다. 추정에 사용할 경우에는 추정량(estimator), 가설검정에 사용될 경우에는 검정통계량(test statistic)이라 한다. 자주 사용되는 통계량의 예로는 표본평균(sample mean), 표본분산(sample varience), 표본표준편차(sample standard deviation), 표본비율(sample proportion) 등이 있다. 통계량의 실제 관측값은 표본크기가 n인 확률표본을 추출할 때마다 바뀌게 되므로 확률분포를 가지게 된다. 이때의 분포를 표집분포(또는 표본분포, sampling distribution)이라고 한다. 이들 분포에 대해서는 다음 8.3절에서 다루기로 한다.

모수 : θ		통계량 : $u(X_1, X_2, \cdots, X_n)$	
모평균	μ	표본평균	$\overline{X} = \frac{1}{n}\sum_{i=1}^{n} X_i$
모분산	σ^2	표본분산	$S^2 = \frac{1}{n-1}\sum_{i=1}^{n}(X_i - \overline{X})^2$
모표준편차	σ	표본표준편차	$S = \sqrt{S^2} = \sqrt{\frac{1}{n-1}\sum_{i=1}^{n}(X_i - \overline{X})^2}$
모비율	p	표본비율	$\hat{P} = \frac{\sum_{i=1}^{n} X_i}{n}$, $\sum_{i=1}^{n} X_i$: 성공의 수

8.2 확률변수들의 함수의 분포

확률표본은 확률변수들이고 통계량은 확률표본의 함수로써 또한 확률변수이다. 그러므로 통계량의 표본분포를 다루기 위해서는 확률변수들의 함수의 분포에 대해 알아보아야 한다. 본 절에서는 확률변수들의 함수의 분포를 구해보기로 한다. 예를 들어 두 확률변수 X, Y 의 함수들 $U(X, Y) = 3Y+2,\ X^2,\ X+Y,\ \sqrt{Y},\ \frac{X}{Y},\ X-Y,\ \frac{X+Y}{Y}, \ldots$ 등 다양한 함수들도 확률변수이므로 이들에 대한 분포에 관심이 있을 수 있다. 이들의 확률분포를 구하는 방법은 (i) 누적분포함수를 이용하는 방법, (ii) 확률밀도함수의 변수변환방법, 그리고 (iii) 적률생성함수를 이용하는 방법 등이 있다. 여기에서는 일변량일 경우와 이변량일 경우에 대해서 주로 다루기로 한다. 다변량인 경우는 이들 방법을 확장하여 구할 수 있다. 여기에서는 주로 변수변환방법을 잘 이해하기 바란다. 통계량의 표본분포를 구할 경우에는 모집단의 분포를 알고 있으므로 적률생성함수의 유일성을 이용하여 분포를 찾는 것이 편리할 수 있다.

(1) 누적분포함수 방법(cumulative distribution function technique)

확률변수 $X_1, X_2, \cdots, X_n$의 함수 $Y = u(X_1, X_2, \cdots, X_n)$의 누적분포함수는

$$F_Y(y) = \Pr[Y \le y] = \Pr[u(X_1, X_2, \cdots, X_n) \le y]$$

로 구할 수 있다.

예제 8.2.1 확률변수 $X \sim f(x)$에서 $Y = X^2$의 pdf는 다음과 같이 구할 수 있다.

$$\begin{aligned} F_Y(y) &= \Pr[Y \le y] = \Pr[X^2 \le y] = \Pr[-\sqrt{y} \le X \le \sqrt{y}] \\ &= F_X(\sqrt{y}) - F_X(-\sqrt{y}) \end{aligned}$$

이므로 $$\begin{aligned} f_Y(y) &= \frac{d}{dy}F_Y(y) = \frac{d}{dy}\{F_X(\sqrt{y}) - F_X(-\sqrt{y})\} \\ &= \frac{1}{2\sqrt{y}}\{f_X(\sqrt{y}) + f_X(-\sqrt{y})\} \end{aligned}$$

가 된다.

예제 8.2.2 확률변수 $X \sim U(0,1), f(x)=1 \ (0 \le x \le 1)$에서 $Y=-\theta \ln(X)$, $(\theta > 0)$의 pdf는 다음과 같이 구할 수 있다. 우선 확률변수 Y의 범위는 $0 \le y \le \infty$이고

$$F_Y(y) = \Pr[Y \le y] = \Pr[-\theta \ln(X) \le y] = \Pr[\ln(X) \ge -\frac{y}{\theta}]$$
$$= \Pr[X \ge e^{-\frac{y}{\theta}}] = 1 - \Pr[X < e^{-\frac{y}{\theta}}] = 1 - e^{-\frac{y}{\theta}}$$

그러므로 $f_Y(y) = \frac{d}{dy} F_Y(y) = \frac{1}{\theta} e^{-\frac{y}{\theta}}, \ 0 \le y \le \infty$이다.

즉 Y는 지수분포 $\text{Exp}(\theta)$ 한다.

연습문제 8.2.3 확률변수 $X \sim N(\mu, \sigma^2), f(x) = \frac{1}{\sqrt{2\pi}\,\sigma} e^{-\frac{(x-\mu)^2}{2\sigma^2}} \ (-\infty < x < \infty)$에서

(1) 확률변수 $Y = aX + b$ (a, b는 상수)는 다음과 같은 정규분포한다.

$$Y \sim N(a\mu + b, a^2\sigma^2), \ f_Y(y) = \frac{1}{\sqrt{2\pi}\, a\sigma} e^{-\frac{(y - a\mu - b)^2}{2a^2\sigma^2}} \quad (-\infty < y < \infty)$$

(2) 표준화 확률변수 $Z = \frac{X-\mu}{\sigma}$는 표준정규분포한다($Z \sim N(0, 1)$).

(3) 확률변수 $Y_2 = Z^2$은 자유도가 1인 카이제곱분포한다($Y_2 \sim \chi^2(1)$).

연습문제 8.2.4 확률변수 Z_1, Z_2, Z_3 는 서로 독립이고 동일한 표준정규분포 $N(0,1)$일 때, 확률변수 $Y = Z_1^2 + Z_2^2 + Z_3^2$ 는 자유도가 3인 카이제곱분포를 따른다($Y \sim \chi(3)$).
(누적분포함수방법을 이용하고, 적분의 극좌표변환을 통하여 Y의 pdf를 구하면

$f_Y(y) = \frac{1}{\sqrt{2}\sqrt{\pi}} y^{\frac{1}{2}} e^{-\frac{y}{2}} = \frac{1}{\Gamma(\frac{3}{2}) 2^{\frac{3}{2}}} y^{\frac{3}{2}-1} e^{-\frac{y}{2}}, \ 0 \le y < \infty$가 된다.)

(2) 변수변환방법(change of variable technique)

확률밀도함수를 사용하여 다음과 같이 구할 수 있다.

(경우 1) 일변량(univariate rv)이고 일대일 변환(1-1 transformation)

확률변수 $X \sim f_X(x),\ x \in S_X$ 의 함수 $Y = u(X),\ y \in S_Y$ 가 일대일 변환인 경우에는 역함수 $X = u^{-1}(Y) = w(Y)$가 존재하므로 Y의 확률밀도함수 $f_Y(y)$는 다음과 같다.

① 이산형 확률변수인 경우에는

$$f_Y(y) = f_X(w(y)),\quad y \in S_Y = \{y | w(y) \in S_X\}$$

$$(\because)\ f_Y(y) = \Pr[Y = y] = \Pr[X = w(y)] = f_X(w(y)),\ y \in \{y | w(y) \in S_X\}$$

② 연속형 확률변수인 경우에는

$$f_Y(y) = f_X(w(y))\left|\frac{d}{dy}w(y)\right|,\quad y \in S_Y = \{y | w(y) \in S_X\}$$

$(\because)$ $Y = u(X),\ y \in S_Y$ 가 일대일 변환이므로 단조증가 또는 단조감수함수이다.

단조증가함수를 고려하면, $u(X) \le y \Leftrightarrow X \le u^{-1}(y) = w(y)$가 되므로

$$F_Y(y) = \Pr[Y \le y] = \Pr[u(X) \le y] = \Pr[X \le u^{-1}(y)] = F_X(w(y))$$

$f_Y(y) = f_X(w(y))\frac{d}{dy}w(y),\quad \frac{d}{dy}w(y) > 0$ 이다.

단조감소함수를 고려하면 $f_Y(y) = -f_X(w(y))\frac{d}{dy}w(y),\quad \frac{d}{dy}w(y) < 0$.

예제 8.2.5 평균이 μ인 포아송 확률변수 $X \sim f_X(x) = \frac{\mu^x e^{-\mu}}{x!},\quad x \in S_X = \{x | x = 0, 1, 2, 3, \cdots\}$에서 $Y = 2X$의 분포는 S_X 와 $S_Y = \{0,2,4,6,\cdots\}$가 일대일 변환이므로, $Y \sim f_Y(y) = f_X\left(\frac{y}{2}\right) = \frac{\mu^{\frac{y}{2}} e^{-\mu}}{\left(\frac{y}{2}\right)!},\ y \in S_Y = \{y | y = 0,2,4,6,\cdots\}$가 된다.

예제 8.2.6 정규분포 $X \sim f(x) = \frac{1}{\sqrt{2\pi}\,\sigma} e^{-\frac{(x-\mu)^2}{2\sigma^2}},\ -\infty < x < \infty$에서 $Z = \frac{X - \mu}{\sigma}$의 pdf는 $f_Z(z) = f_X(\sigma z + \mu)\frac{d}{dz}(\sigma z + \mu) = \frac{1}{\sqrt{2\pi}} e^{-\frac{z^2}{2}},\ -\infty < z < \infty$이므로 표준정규

분포한다.

연습문제 8.2.7 균일확률변수 $X \sim f(x)=1,\ 0 \le x \le 1$에 대해서 확률변수 $Y=\dfrac{1}{X}$의 pdf는?

(경우 2) 이변량(bivariate rvs)이고 일대일 변환(1-1 transformation)
두 확률변수 $X_1, X_2 \sim f(x_1, x_2),\ (x_1, x_2) \in S_{X_1, X_2}$의 함수 $Y_1 = u_1(X_1, X_2)$, $Y_2 = u_2(X_1, X_2),\ (y_1, y_2) \in S_{Y_1, Y_2}$가 일대일 변환인 경우에는 역함수 u_1^{-1}, u_2^{-1}, 즉 $X_1 = u_1^{-1}(Y_1, Y_2) = w_1(Y_1, Y_2),\ X_2 = u_2^{-1}(Y_1, Y_2) = w_2(Y_1, Y_2)$가 존재하므로 $Y_1,\ Y_2$의 결합확률밀도함수 $f_{Y_1, Y_2}(y_1, y_2) = g(y_1, y_2)$는 다음과 같다.

① 이산형 확률변수인 경우에는

$$g(y_1, y_2) = f(w_1(y_1, y_2), w_2(y_1, y_2)),\ (y_1, y_2) \in S_{Y_1, Y_2}$$

② 연속형 확률변수인 경우에는

$$g(y_1, y_2) = f(w_1(y_1, y_2), w_2(y_1, y_2)) \cdot |J|,\ (y_1, y_2) \in S_{Y_1, Y_2}$$

여기에서, $J = \begin{vmatrix} \dfrac{dw_1}{dy_1} & \dfrac{dw_2}{dy_1} \\ \dfrac{dw_1}{dy_2} & \dfrac{dw_2}{dy_2} \end{vmatrix}$ 이다.

예제 8.2.8 독립인 두 이항확률변수 $X_1 \sim B(n_1, p), X_2 \sim B(n_2, p)$의 합 $Y = X_1 + X_2$는 이항분포 $Y \sim B(n_1 + n_2, p)$ 한다.
$(\because)$ $Y_1 = X_1 + X_2,\ Y_2 = X_2$로 두면 역함수 $X_1 = Y_1 - Y_2,\ X_2 = Y_2$가 존재하고, $(y_1, y_2) \in \{y_1 = 0, 1, 2, \cdots, n_1 + n_2,\ y_2 = 0, 1, 2, \cdots, y_1\}$이다. X_1, X_2가 독립이므로

$$\begin{aligned} f(x_1, x_2) &= f_{X_1}(x_1) f_{X_2}(x_2) \\ &= \binom{n_1}{x_1} p^{x_1}(1-p)^{n_1 - x_1} \cdot \binom{n_2}{x_2} p^{x_2}(1-p)^{n_2 - x_2} \end{aligned}$$

$$= \binom{n_1}{x_1}\binom{n_2}{x_2} p^{x_1+x_2}(1-p)^{n_1+n_2-x_1-x_2}$$

Y_1, Y_2 의 결합확률밀도함수 $f_{Y_1, Y_2}(y_1, y_2) = g(y_1, y_2)$는

$$g(y_1, y_2) = f(y_1 - y_2,\ y_2)$$

$$= \binom{n_1}{y_1 - y_2}\binom{n_2}{y_2} p^{y_1}(1-p)^{n_1+n_2-y_1}$$

$Y_1 = X_1 + X_2$ 의 주변확률밀도함수(marginal pdf) $g_{Y_1}(y_1)$은

$$g_1(y_1) = \sum_{y_2=0}^{y_1} g(y_1, y_2) = \sum_{y_2=0}^{y_1} \binom{n_1}{y_1 - y_2}\binom{n_2}{y_2} p^{y_1}(1-p)^{n_1+n_2-y_1}$$

$$= \binom{n_1+n_2}{y_1} p^{y_1}(1-p)^{n_1+n_2-y_1}\ ,\ y_1 = 0, 1, 2, \cdots, n_1+n_2$$

이다. 그러므로 $Y = X_1 + X_2$ 는 이항분포 $B(n_1+n_2, p)$를 따른다.

연습문제 8.2.9 독립인 두 포아송 분포 $X_1 \sim Poi(\mu_1), X_2 \sim Poi(\mu_2)$의 합의 분포 $Y = X_1 + X_2$는 포아송 분포 $Y \sim Poi(\mu_1 + \mu_2)$가 됨을 밝혀라.

(단, 포아송 분포의 pdf는 $f(x) = \dfrac{\mu^x e^{-\mu}}{x!}$, $x = 0, 1, 2, \cdots$ 이다.)

연습문제 8.2.10 독립인 두 확률변수 $X_1 \sim U(0,1), X_2 \sim U(0,1)$에 대하여 합 $Y_1 = X_1 + X_2$과 차 $Y_2 = X_1 - X_2$의 결합확률밀도함수를 찾고, 이를 이용하여 $Y_2 = X_1 - X_2$의 주변확률밀도함수와 확률 $\Pr[|Y_2| \le \frac{1}{6}]$을 구하라.

연습문제 8.2.11 독립인 두 감마확률변수 $X_1 \sim \Gamma(\alpha_1, 1)$, $X_2 \sim \Gamma(\alpha_2, 1)$에 대하여 $Y_1 = X_1 + X_2$과 $Y_2 = \dfrac{X_1}{X_1 + X_2}$의 결합확률밀도함수를 찾고, 이를 이용하여 Y_1, Y_2의 주변확률밀도함수를 구하라. (단, $\Gamma(\alpha, \beta)$의 pdf는 $f(x;\alpha, \beta) = \dfrac{x^{\alpha-1}e^{-\frac{x}{\beta}}}{\Gamma(\alpha)\beta^\alpha}$, $0 \le x < \infty$이다.)

풀이 Y_1, Y_2의 결합확률밀도함수는 범위 $(y_1, y_2) \in \{0 < y_1 < \infty, 0 < y_2 < 1\}$에서

$$g(y_1, y_2) = \frac{1}{\Gamma(\alpha_1 + \alpha_2)} y_1^{\alpha_1 + \alpha_2 - 1} y_2^{\alpha_1 - 1} (1 - y_2)^{\alpha_2 - 1} e^{-y_1}$$

Y_1 의 주변확률밀도함수는 다음과 같으므로 감마분포 $\Gamma(\alpha_1 + \alpha_2, 1)$를 따른다.

$$g_1(y_1) = \frac{1}{\Gamma(\alpha_1 + \alpha_2)} y_1^{\alpha_1 + \alpha_2 - 1} e^{-y_1}, \quad 0 < y_1 < \infty$$

Y_2 의 주변확률밀도함수는 다음과 같고 이를 베타분포 $\beta(\beta_1, \beta_2)$라 한다.

$$g_1(y_1) = \frac{\Gamma(\alpha_1 + \alpha_2)}{\Gamma(\alpha_1)\Gamma(\alpha_2)} y_2^{\alpha_1 - 1} (1 - y_2)^{\alpha_2 - 1}, \quad 0 < y_2 < 1$$

연습문제 8.2.12 독립인 두 카이제곱분포 $X_1 \sim \chi^2(2)$, $X_2 \sim \chi^2(2)$에 대하여 $Y_1 = \frac{1}{2}(X_1 - X_2)$, $Y_2 = X_2$의 결합확률밀도함수를 찾고, 이를 이용하여 Y_1 의 주변확률밀도함수를 구하라. (단, $\chi^2(2) \equiv \exp(2), f(x) = \frac{1}{2} e^{-\frac{x}{2}}, 0 < x < \infty$ 이다).

풀이 Y_1, Y_2 의 결합확률밀도함수는 범위 $(y_1, y_2) \in \{(y_1, y_2) | -2y_1 < y_2 \text{ and } -\infty < y_1 < \infty, 0 < y_2 < \infty\}$에서

$$g(y_1, y_2) = \frac{1}{2} e^{-y_1 - y_2}$$

Y_1 의 주변확률밀도함수는 다음과 같고, 이를 이중지수분포(double exponential distrbution)라 한다.

$$g_1(y_1) = \begin{cases} \int_{-2y_1}^{\infty} \frac{1}{2} e^{-y_1 - y_2} dy_2 = \frac{1}{2} e^{y_1}, & -\infty < y_1 < 0 \\ \int_{0}^{\infty} \frac{1}{2} e^{-y_1 - y_2} dy_2 = \frac{1}{2} e^{-y_1} & 0 \le y_1 < \infty \end{cases}$$

$$= \frac{1}{2} e^{-|y_1|}, \quad -\infty < y_1 < \infty$$

연습문제 8.2.13 [2016 교원임용고사 기출문제]
두 연속확률변수 X, Y가 서로 독립이고, 확률밀도함수(probability density function)가 각각

$$f_X(x) = \frac{1}{2}e^{-\frac{x}{2}} \quad (x > 0),$$

$$f_Y(y) = e^{-y} \qquad (y > 0)$$

이다. 확률변수 $Z = X + 2Y$ 의 확률밀도함수 $g(z)$를 구하라.

풀이 $Z = X + 2Y$, $W = Y$ 로 변수변환하면 역함수 $x = z - 2w$, $y = w$가 존재하고, 범위는 $\{(z,w)|0 < z - 2w, 0 < w\} = \left\{(z,w)|w < \frac{z}{2}, 0 < z\right\}$이다.

joint pdf $g_{Z,W}(z,w) = f(z-2w, w)|J| = \frac{1}{2}e^{-\frac{z}{2}}\left|\begin{vmatrix} 1 & -2 \\ 0 & 1 \end{vmatrix}\right| = \frac{1}{2}e^{-\frac{z}{2}}$ 이다.

그러므로 주변 pdf $g(z) = \int_0^{\frac{z}{2}} \frac{1}{2}e^{-\frac{z}{2}}dw = [w \cdot \frac{1}{2}e^{-\frac{z}{2}}]_0^{\frac{z}{2}} = \frac{z}{4}e^{-\frac{z}{2}}$ $(0 < z)$이다.

연습문제 8.2.14 [2017 교원임용고사 기출문제]
두 연속확률변수 X, Y는 서로 독립이고 각각 구간 $(0,2)$에서 균등분포(uniform distribution)를 따른다. 확률변수 $Z = X + Y$의 확률밀도함수(probability density function) $f_Z(z)$와 평균 $E[Z]$를 풀이 과정과 함께 쓰시오.

(경우 3) 다변량(multivariate rvs)이고 일대일 변환(1-1 transformation)
이변량이고 일대일 변환을 다변량으로 확장하여 생각할 수 있다.
확률변수 $X_1, X_2, \cdots, X_n \sim f(x_1, x_2, \cdots, x_n)$, $(x_1, x_2, \cdots, x_n) \in S_{\underline{X}}$에서 함수

$$Y_1 = u_1(X_1, X_2, \cdots, X_n),\ Y_2 = u_2(X_1, X_2, \cdots, X_n), \cdots, Y_n = u_n(X_1, X_2, \cdots, X_n),$$

$(y_1, y_2, \cdots, y_n) \in S_{\underline{Y}}$가 일대일 변환인 경우에는 역함수 $u_1^{-1} = w_1$, $u_2^{-1} = w_2$, $\cdots$, $u_n^{-1} = w_n$가 존재하므로 Y_1, Y_2, $\cdots$, Y_n의 결합확률밀도함수는 다음과 같다.

① 이산형 확률변수인 경우에는

$$g(y_1, y_2, \cdots, y_n) = f(w_1, w_2, \cdots, w_n), \quad (y_1, y_2, \cdots, y_n) \in S_{\underline{Y}}$$

② 연속형 확률변수인 경우에는

$$g(y_1, y_2, \cdots, y_n) = f(w_1, w_2, \cdots, w_n) \cdot |J|, \quad (y_1, y_2, \cdots, y_n) \in S_{\underline{Y}}$$

여기에서, 변수변환의 야코비안(Jacobian)은 $J = \begin{vmatrix} \dfrac{dw_1}{dy_1} & \dfrac{dw_2}{dy_1} \cdots & \dfrac{dw_n}{dy_1} \\ \cdot & \cdot & \cdot \\ \dfrac{dw_1}{dy_n} & \dfrac{dw_2}{dy_n} \cdots & \dfrac{dw_n}{dy_n} \end{vmatrix}$ 이다.

(경우 4) 일대일 변환(1-1 transformation)이 아닌 경우
확률변수 $X_1, X_2, \cdots, X_n \sim f(x_1, x_2, \cdots, x_n)$, $(x_1, x_2, \cdots, x_n) \in S_{\underline{X}}$ 에서 함수

$$Y_1 = u_1(X_1, X_2, \cdots, X_n),\ Y_2 = u_2(X_1, X_2, \cdots, X_n), \cdots, Y_n = u_n(X_1, X_2, \cdots, X_n),$$

$(y_1, y_2, \cdots, y_n) \in S_{\underline{Y}}$가 일대일 변환이 아닌 경우에는 $S_{\underline{X}}$의 각 원소는 $S_{\underline{Y}}$의 한 원소에 대응되지만 그 역은 성립하지 않는 경우이다(즉 '다대일'). 그러므로 $S_{\underline{X}}$를 $S_{\underline{Y}}$와 일대일 대응이 되도록 분할하면, $S_{\underline{X}} = S_1 \cup S_2 \cup \cdots S_k$, $S_i \cap S_j = \varnothing$, 각 S_i에 대하여 $S_{\underline{Y}}$와 일대일 대응이 되는 역함수 $u_{i1}^{-1} = w_{i1}, u_{i2}^{-1} = w_{i2}, \cdots, u_{in}^{-1} = w_{in}$가 존재하므로 $Y_1, Y_2, \cdots, Y_n$의 결합확률밀도함수는 다음과 같다.

① 이산형 확률변수인 경우에는

$$g(y_1, y_2, \cdots, y_n) = \sum_{i=1}^{k} f(w_{i1}, w_{i2}, \cdots, w_{in}), \quad (y_1, y_2, \cdots, y_n) \in S_{\underline{Y}}$$

② 연속형 확률변수인 경우에는

$$g(y_1, y_2, \cdots, y_n) = \sum_{i=1}^{k} f(w_{i1}, w_{i2}, \cdots, w_{in}) \cdot |J_i|, \quad (y_1, y_2, \cdots, y_n) \in S_{\underline{Y}}$$

여기에서, 변수변환의 야코비안(Jacobian)은 $J_i = \begin{vmatrix} \dfrac{dw_{i1}}{dy_1} & \dfrac{dw_{i2}}{dy_1} \cdots & \dfrac{dw_{in}}{dy_1} \\ \cdot & \cdot & \cdot \\ \dfrac{dw_{i1}}{dy_n} & \dfrac{dw_{i2}}{dy_n} \cdots & \dfrac{dw_{in}}{dy_n} \end{vmatrix}$ 이다.

예제 8.2.15 확률변수 $X \sim N(0,1), f(x) = \frac{1}{\sqrt{2\pi}} e^{-\frac{x^2}{2}}, -\infty < x < \infty$에서 $Y = X^2$의 pdf는 다음과 같이 구할 수 있다.

변수변환 $y=x^2$의 역은 $x=\pm\sqrt{y}$이므로 $y\in S_Y=\{y|0<y<\infty\}$과 일대일 대응이 되도록 $x\in S_X=\{x|-\infty<x<\infty\}=\{x|0<x<\infty\}\cup\{x|-\infty<x<0\}$로 분할하여,

$S_1=\{x|-\infty<x<0\}$일 때는 $x=-\sqrt{y}$이므로

$$g_1(y)=f(-\sqrt{y})|\frac{d}{dy}(-\sqrt{y})|=\frac{1}{\sqrt{2\pi}}e^{-\frac{y}{2}}\frac{1}{2\sqrt{y}}=\frac{y^{-\frac{1}{2}}e^{-\frac{y}{2}}}{2\sqrt{\pi}\cdot 2^{\frac{1}{2}}},\ 0<y<\infty$$

$S_2=\{x|0\le x<\infty\}$일 때는 $x=+\sqrt{y}$,

$$g_2(y)=f(\sqrt{y})|\frac{d}{dy}(\sqrt{y})|=\frac{1}{\sqrt{2\pi}}e^{-\frac{y}{2}}\frac{1}{2\sqrt{y}}=\frac{y^{-\frac{1}{2}}e^{-\frac{y}{2}}}{2\sqrt{\pi}\cdot 2^{\frac{1}{2}}},\ 0<y<\infty$$

이므로 $f_Y(y)=g_1(y)+g_2(y)=\dfrac{y^{\frac{1}{2}-1}e^{-\frac{y}{2}}}{\Gamma(\frac{1}{2})2^{\frac{1}{2}}}$, $(0<y<\infty)$가 된다.

즉 $Y=X^2$은 자유도가 1인 카이제곱분포, $\chi^2(1)$ 한다.

(3) 적률생성함수방법(moment generating function technique)

독립인 확률변수들의 함수의 분포를 찾고자 할 때 적률생성함수방법을 사용하면 편리하다. 확률변수 $X_1, X_2, \cdots, X_n$가 독립이고 각각의 mgf가 $M_{X_i}(t)$, $(i=1,2,\cdots,n)$라면 $Y=a_1X_1+a_2X_2+\cdots+a_nX_n$의 적률생성함수는 다음과 같다.

$$\begin{aligned} M_Y(t) &= E[e^{tY}] = E[e^{t\sum_{i=1}^{n}a_iX_i}] = E[\prod_{i=1}^{n}e^{ta_iX_i}] \\ &= \prod_{i=1}^{n}E[e^{ta_iX_i}] \qquad (\text{독립이므로}) \\ &= \prod_{i=1}^{n}M_{X_i}(ta_i) \end{aligned}$$

예제 8.2.16 확률변수 $X_1, X_2, \cdots, X_n$가 독립이고 각각은 이항분포 $B(n_i, p)$, $(i=1,2,\cdots,n)$라고 할 때 확률변수 $Y=X_1+X_2+\cdots+X_n$의 분포를 구하라.

풀이 각 이항분포의 mgf가 $M_{X_i}(t)=(pe^t+q)^{n_i}$, $(i=1,2,\cdots,n)$이므로

$M_Y(t) = \prod_{i=1}^{n} M_{X_i}(t) = (pe^t + q)^{\sum_{i=1}^{n} n_i}$ 이다.

적률생성함수의 유일성에 의해 $Y \sim B(\sum_{i=1}^{n} n_i, p)$이다. 즉 이항분포를 따른다.

예제 8.2.17 확률변수 $X_1, X_2, \cdots, X_n$가 독립이고 각각은 포아송 분포 $Poi(\mu_i)$, $(i = 1,2,\cdots,n)$라고 할 때 확률변수 $Y = X_1 + X_2 + \cdots + X_n$의 분포를 구하라.

풀이 각 포아송 분포의 mgf 가 $M_{X_i}(t) = e^{\mu_i(e^t - 1)}$, $(i = 1,2,\cdots,n)$이므로

$M_Y(t) = \prod_{i=1}^{n} M_{X_i}(t) = e^{\sum_{i=1}^{n} \mu_i(e^t - 1)}$ 이다.

적률생성함수의 유일성에 의해 $Y \sim Poi(\sum_{i=1}^{n} \mu_i)$이다.

즉 평균이 $\sum_{i=1}^{n} \mu_i$인 포아송 분포를 따른다.

예제 8.2.18 확률변수 $X_1, X_2, \cdots, X_n$가 독립이고 각각은 정규분포 $N(\mu_i, \sigma_i^2)$, $(i = 1,2,\cdots,n)$라고 할 때 확률변수 $Y = a_1X_1 + a_2X_2 + \cdots + a_nX_n$의 분포를 구하라.

풀이 각 정규분포의 mgf 가 $M_{X_i}(t) = e^{\mu_i t + \frac{\sigma_i^2 t^2}{2}}$, $(i = 1,2,\cdots,n)$이므로

$M_Y(t) = \prod_{i=1}^{n} M_{X_i}(ta_i) = e^{\sum_{i=1}^{n} a_i\mu_i t + \frac{\sum_{i=1}^{n} a_i^2\sigma_i^2 t^2}{2}}$ 이다.

적률생성함수의 유일성에 의해 $Y \sim N(\sum_{i=1}^{n} a_i\mu_i, \sum_{i=1}^{n} a_i^2\sigma_i^2)$이다.

즉, 평균이 $\sum_{i=1}^{n} a_i\mu_i$ 이고 분산이 $\sum_{i=1}^{n} a_i^2\sigma_i^2$ 인 정규분포한다.

연습문제 8.2.19 확률변수 $X_1, X_2, \cdots, X_n$가 독립이고 각각은 감마분포 $\Gamma(\alpha_i, \beta)$, $(i = 1,2,\cdots,n)$라고 할 때 확률변수 $Y = X_1 + X_2 + \cdots + X_n$의 분포를 구하라.

풀이 $Y \sim \Gamma(\sum_{i=1}^{n} \alpha_i, \beta)$ 감마분포한다.

모집단의 적률생성함수(mgf)가 $M_X(t)$인 분포로부터 확률표본 $X_1, X_2, \cdots, X_n$을 추출했을 때 $Y = X_1 + X_2 + \cdots + X_n$의 적률생성함수는 다음과 같다.

$$
\begin{aligned}
M_Y(t) &= E[e^{tY}] = E[e^{t\sum_{i=1}^{n} X_i}] = E[\prod_{i=1}^{n} e^{tX_i}] \\
&= \prod_{i=1}^{n} E[e^{tX_i}] \qquad \text{(독립이므로)} \\
&= \prod_{i=1}^{n} M_X(t) = [M_X(t)]^n \qquad \text{(동일한 분포이므로)}
\end{aligned}
$$

예제 8.2.20 정규모집단분포 $N(\mu, \sigma^2)$로부터 표본크기 n인 확률표본 $X_1, X_2, \cdots, X_n$를 추출하였다. $Y = X_1 + X_2 + \cdots + X_n$의 분포를 구하고 표본평균 $\overline{X} = \frac{1}{n}\sum_{i=1}^{n} X_i$의 분포를 구하라.

풀이 $M_Y(t) = [M_X(t)]^n = [e^{\mu t + \frac{\sigma^2 t^2}{2}}]^n = e^{n\mu t + \frac{n\sigma^2 t^2}{2}}$ 이므로 $Y \sim N(n\mu, n\sigma^2)$이다.

$M_{\overline{X}}(t) = E[e^{\frac{t}{n}Y}] = [M_X(\frac{t}{n})]^n = [e^{\mu\frac{t}{n} + \frac{\sigma^2(\frac{t}{n})^2}{2}}]^n = e^{\mu t + \frac{\frac{\sigma^2}{n}t^2}{2}}$ 이다.

그러므로 표본평균의 분포는 $\overline{X} \sim N\left(\mu, \frac{\sigma^2}{n}\right)$이다.

8.3 순서통계량의 분포

순서통계량(oder statistics)은 모집단 $X \sim f(x)$에서 n개의 표본을 추출한 확률표본 $X_1, X_2, \cdots, X_n$을 다음과 같이 순서로 나타낸 것을 말한다.

$$Y_1 = u_1(X_1, X_2, \cdots, X_n) = \min\{X_1, X_2, \cdots, X_n\}$$

$$Y_2 = u_2(X_1, X_2, \cdots, X_n) = \text{2nd smallest}\{X_1, X_2, \cdots, X_n\}$$

$$\cdots$$

$$Y_n = u_n(X_1, X_2, \cdots, X_n) = \max\{X_1, X_2, \cdots, X_n\}$$

즉, $Y_1 \le Y_2 \le \cdots \le Y_n$일 때 $Y_1, Y_2, \cdots, Y_n$을 확률표본 $X_1, X_2, \cdots, X_n$의 순서통계량이라고 한다. 그리고 Y_1을 첫 번째 순서통계량(first oder statistic), Y_k를 k번째 순서통계량(k-th oder statistic), Y_n를 n번째 순서통계량(n-th oder statistic)이라고 한다. 모집단의 확률변수가 연속형일 경우에는 같을 확률이 0이므로 '$\le$'를 '$<$'로 해도 무방하다.

정리 8.3.1 순서통계량(oder statistic)의 결합확률밀도함수(joint probability density function)

모집단 $X \sim f(x)$, $x \in (a, b)$가 연속형일 경우에, 여기에서 추출한 n개의 확률표본 $X_1, X_2, \cdots, X_n$의 순서통계량 $Y_1, Y_2, \cdots, Y_n$의 결합확률밀도함수는

$$g(y_1, y_2, \cdots, y_n) = n!f(y_1)f(y_2)\cdots f(y_n),\ a < y_1 < y_2 < \cdots < y_n < b$$

이다.

증명 확률표본 $X_1, X_2, \cdots, X_n$의 결합확률밀도함수는 다음과 같고

$$f(x_1, x_2, \cdots, x_n) = f(x_1)f(x_2)\cdots f(x_n),\ \ a < x_i < b$$

$X_1, X_2, \cdots, X_n$를 순서로 나열하는 경우의 수는 $n!$가지 있으며, 각 경우에 대해서 $Y_1, Y_2, \cdots, Y_n$가 일대일 대응이 되고 첫 번째인 경우에는

$$Y_1 = X_1,\ Y_2 = X_2, \cdots,\ Y_n = X_n$$

$$g_1(y_1, y_2, \cdots, y_n) = f(y_1)f(y_2)\cdots f(y_n)\,|\,J_1\,|,\ a < y_1 < y_2 < \cdots < y_n < b$$

여기에서 $J_1 = \begin{vmatrix} \dfrac{dx_1}{dy_1} & \dfrac{dx_2}{dy_1} \cdots & \dfrac{dx_n}{dy_1} \\ \cdot & \cdot & \cdot \\ \dfrac{dx_1}{dy_n} & \dfrac{dx_2}{dy_n} \cdots & \dfrac{dx_n}{dy_n} \end{vmatrix} = \begin{vmatrix} 1\,0 \cdots 0 \\ \cdot \quad \cdot \quad \cdot \\ 0\,0 \cdots 1 \end{vmatrix} = 1$이다.

마찬가지로 j번째 경우의 결합확률밀도함수는

$$g_j(y_1, y_2, \cdots, y_n) = f(y_1)f(y_2)\cdots f(y_n)|J_j|, \ a < y_1 < y_2 < \cdots < y_n < b$$

이다. 여기에서도 $J_j = \begin{vmatrix} \dfrac{dx_{j1}}{dy_1} & \dfrac{dx_{j2}}{dy_1} \cdots & \dfrac{dx_{jn}}{dy_1} \\ \cdot & \cdot & \cdot \\ \dfrac{dx_{j1}}{dy_n} & \dfrac{dx_{j2}}{dy_n} \cdots & \dfrac{dx_{jn}}{dy_n} \end{vmatrix} = 1$이 된다. 그러므로

$$\begin{aligned} g(y_1, y_2, \cdots, y_n) &= \sum_{j=1}^{n!} g_j(y_1, y_2, \cdots, y_n) \\ &= \sum_{j=1}^{n!} f(y_1)f(y_2)\cdots f(y_n)|J_j| \\ &= n!\,f(y_1)f(y_2)\cdots f(y_n), \ \ a < y_1 < y_2 < \cdots < y_n < b \end{aligned}$$

이 된다.

예제 8.3.1 모집단 $X \sim U(0, 1)$, $f(x) = 1$, $x \in (0, 1)$에서의 n개의 확률표본 $X_1, X_2, \cdots, X_n$의 순서통계량 $Y_1, Y_2, \cdots, Y_n$의 결합확률밀도함수는

$$g(y_1, y_2, \cdots, y_n) = n!, \ \ 0 < y_1 < y_2 < \cdots < y_n < 1$$

이다.

순서통계량의 누적분포함수(cdf)는 다음과 같이 구할 수 있다.
모집단 $X \sim f(x)$, $F(x)$에서 n개의 표본을 추출한 확률표본 $X_1, X_2, \cdots, X_n$의 순서통계량 Y_1의 누적분포함수는 다음과 같다.

$$\begin{aligned} G_1(y_1) &= \Pr[Y_1 \le y_1] = \{\text{적어도 1개는 } y_k\text{보다 적어야 한다}\} \\ &= 1-\Pr[Y_1 > y_1] \\ &= 1-\Pr[X_1 > y_1, X_2 > y_1, \cdots, X_n > y_1] \\ &= 1-\{1-F(y_1)\}^n \end{aligned}$$

순서통계량 Y_n의 누적분포함수는 다음과 같다.

$$\begin{aligned} G_n(y_n) &= \Pr[Y_n \le y_n] = \{\text{모두 } y_n\text{보다 적어야 한다}\} \\ &= \Pr[X_1 \le y_n, X_2 \le y_n, \cdots, X_n \le y_n] \\ &= \{F(y_n)\}^n \end{aligned}$$

순서통계량 Y_k의 누적분포함수는 마찬가지로 다음과 같다.

$$\begin{aligned} G_k(y_k) &= \Pr[Y_k \le y_k] = \{\text{적어도 } k\text{개는 } y_k\text{보다 적어야 한다}\} \\ &= \{\text{이항분포 } B(n, F(y_k))\text{에서 } k, k+1, \cdots, n\text{일 확률}\} \\ &= \sum_{i=k}^{n} {}_nC_i [F(y_k)]^i [1-F(y_k)]^{n-i} \end{aligned}$$

정리 8.3.2 순서통계량(oder statistic)의 확률밀도함수(probability density function)

모집단 $X \sim f(x), x \in (a, b)$가 연속형일 경우에, 여기에서 추출한 n개의 확률표본 $X_1, X_2, \cdots, X_n$의 순서통계량은 $Y_1, Y_2, \cdots, Y_n$이다.

(1) k번째 순서통계량 Y_k의 확률밀도함수는 다음과 같다.

$$g_k(y_k) = \frac{n!}{(k-1)!(n-k)!}[F(y_k)]^{k-1}[1-F(y_k)]^{n-k} f(y_k),\ a < y_k < b$$

(2) j번째와 k번째 Y_j, Y_k의 결합확률밀도함수는 다음과 같다.

$$g_{jk}(y_j, y_k) = \frac{n!}{(j-1)!(k-j-1)!(n-k)!}[F(y_j)]^{j-1}$$
$$\times [F(y_k)-F(y_j)]^{k-j-1}[1-F(y_k)]^{n-k} f(y_i) f(y_k),\ a < y_j < y_k < b$$

정리 8.3.2의 증명은 정리 8.3.1의 결합확률밀도함수에서 적분을 통하여 주변확률밀도함수를 구하면 되지만 여기에서는 생략하기로 한다. 그러나 k번째 순서통계량 $Y_k = y_k$일 확률은 확률표본 $X_1, X_2, \cdots, X_n$ 중에서 y_k보다 작은 것이 $(k-1)$개, y_k 자신이 1개, y_k보다 큰 것이 $(n-k)$개 있다고 생각하면 n개를 확률 $F(y_k)$인 것을 $(k-1)$개, 확률 $f(y_k)$인 것을 1개, 확률 $1-F(y_k)$인 것을 $(n-k)$로 나누는 다항분포로 생각할 수 있다. 그러므로 $g_k(y_k)$의 확률밀도함수는 다음과 같이 유추할 수 있다.

$$g_k(y_k) = \frac{n!}{(k-1)!1!(n-k)!}[F(y_k)]^{k-1} f(y_k)[1-F(y_k)]^{n-k},\ a < y_k < b$$

예제 8.3.2 모집단 $X \sim U(0,1),\ f(x) = 1,\ x \in (0,1)$에서의 n개의 확률표본 $X_1, X_2, \cdots, X_n$의 순서통계량 $Y_1, Y_2, \cdots, Y_n$에서 다음의 물음에 답하라.

(1) $Y_1 = \min(X_i)$와 $Y_n = \max(X_i)$의 확률밀도함수를 각각 구하라.

(2) k번째 순서통계량 Y_k의 확률밀도함수를 구하라.

(3) j번째와 k번째 순서통계량 $Y_j,\ Y_k$의 결합확률밀도함수를 구하라.

(4) 순서통계량의 기대치 $E(Y_1), E(Y_n), E(Y_k)$를 구하라.

풀이

(1) 정리 8.3.2와 $F(x) = \int_0^x f(x)dx = \int_0^x 1dx = x,\ (0 < x < 1)$를 이용하면 Y_1과 Y_n의 확률밀도함수는 각각 다음과 같다.

$$\begin{aligned} g_1(y_1) &= \frac{n!}{(1-1)!1!(n-1)!}[y_1]^{1-1}1[1-y_1]^{n-1} \\ &= n(1-y_1)^{n-1},\ (0 < y_1 < 1) \end{aligned}$$

$$\begin{aligned} g_n(y_n) &= \frac{n!}{(n-1)!1!(n-n)!}[y_n]^{n-1}1[1-y_n]^{n-n} \\ &= ny_n^{n-1},\ (0 < y_n < 1) \end{aligned}$$

(2) Y_k의 확률밀도함수 다음과 같으므로 베타분포 $B(k, n-k+1)$를 따른다.

$$g_k(y_k) = \frac{n!}{(k-1)!(n-k)!} y_k^{k-1}(1-y_k)^{n-k},\ (0 < y_n < 1)$$

(3) j번째와 k번째 Y_j, Y_k의 결합확률밀도함수는 다음과 같다.

$$g_{jk}(y_j, y_k) = \frac{n!}{(j-1)!(k-j-1)!(n-k)!} y_j^{j-1}$$

$$\times (y_k - y_j)^{k-j-1}(1-y_k)^{n-k}, \ (0 < y_j < y_k < 1)$$

(4) $E(Y_1) = \int_0^1 y_1 g_1(y_1) dy_1 = \int_0^1 y_1 n(1-y_1)^{n-1} dy_1 = \frac{1}{n+1}$

마찬가지로 $E(Y_k) = \frac{k}{n+1}$ 이고 $E(Y_n) = \frac{n}{n+1}$ 이 된다.

예제 8.3.3 Y_1, Y_2, Y_3 는 모집단 $X \sim U(0,1), f(x) = 1, x \in (0,1)$의 3개의 확률표본의 순서통계량일 때 표본범위 $Y_3 - Y_1$의 결합확률밀도함수를 구해보자.

풀이 누적분포함수는 $F(x) = x, (0 < x < 1)$이므로 Y_1, Y_3의 결합확률밀도함수는

$$g_{1,3}(y_1, y_3) = 6(y_3 - y_1), \ (0 < y_1 < y_2 < 1)$$

이다. 확률변수 $Z_1 = Y_3 - Y_1, Z_2 = Y_3$ 로 두면, 함수 $z_1 = y_3 - y_1, z_2 = y_3$의 역함수는 $y_1 = z_2 - z_1, y_3 = z_2$이고 일대일 변환이 된다. 그때의 범위는 $(0 < z_1 < z_2 < 1)$이고 야코비안 J는 다음과 같다.

$$J = \begin{vmatrix} \frac{dy_1}{dz_1} & \frac{dy_1}{dz_2} \\ \frac{dy_2}{dz_1} & \frac{dy_2}{dw_2} \end{vmatrix} = \begin{vmatrix} -1 & 1 \\ 0 & 1 \end{vmatrix} = -1$$

그러므로 Z_1, Z_2의 결합밀도함수는

$$h_{1,2}(z_1, z_2) = 6z_1 |-1| = 6z_1, \ (0 < z_1 < z_2 < 1)$$

따라서 표본범위 $Z_1 = Y_3 - Y_1$의 확률밀도함수는 다음과 같다.

$$h_1(z_1) = \int_{z_1}^1 6z_1 dz_2 = 6z_1(1 - z_1), \quad (0 < z_1 < 1)$$

연습문제 8.3.4 위의 예제 8.3.3에서 $Z = \frac{Y_3 + Y_1}{2}$ 의 확률밀도함수와 $E(Z)$를 구하라.

연습문제 8.3.5 연속확률변수 X 의 확률밀도함수(probability density function) $f_X(x)$는

$$f_X(x) = \frac{2}{9}x - \frac{2}{9} \ (1 < x < 4)$$

이다. X와 같은 분포를 따르고 서로 독립인 2개의 연속확률변수 X_1, X_2에 대하여 $Y = \min\{X_1, X_2\}$일 때, 확률 $P\left(Y < \frac{5}{2}\right)$를 구하라. (단, $\min\{a, b\}$는 a와 b 중 크지 않은 수이다.)

8.4 표본분포와 중심극한정리

통계적 추론에서 많이 사용되는 표본평균과 표본분산의 분포에 대해서 알아보기로 하자. 모집단(population)의 분포에 따라 이들의 분포는 다양하게 나타날 수도 있다. 그러나 대부분의 경우 정규모집단을 가정할 수 있거나, 그렇지 못한 경우에는 표본크기가 큰 대표본에 대해서 다루게 되므로, 여기에서는 정규모집단에서 추출한 확률표본의 표본평균과 표본분산의 분포를 알아보고, 정규모집단이 아닌 경우에는 표본크기가 큰 경우에 근사적인 분포를 알 수 있는 중심극한정리에 대해서 알아보기로 한다.

정리 8.4.1 표본평균과 표본분산의 분포

정규모집단 $X \sim N(\mu, \sigma^2)$에서 표본크기 n인 확률표본 $X_1, X_2, \cdots, X_n$을 추출하면 표본평균과 표본분산의 분포는 다음과 같다.

(1) 표본평균 $\overline{X} = \frac{1}{n}\sum_{i=1}^{n} X_i$는 평균이 μ, 분산이 $\frac{\sigma^2}{n}$인 정규분포한다. 즉,

$$\overline{X} \sim N(\mu, \frac{\sigma^2}{n}), \quad Z = \frac{\overline{X} - \mu}{\sigma/\sqrt{n}} \sim N(0,1).$$

(2) 표본분산 $S^2 = \frac{1}{n-1}\sum_{i=1}^{n}(X_i - \overline{X})^2$에서 $\frac{(n-1)S^2}{\sigma^2}$은 자유도가 $(n-1)$인 카이제곱 분포한다. 즉,

$$\frac{(n-1)S^2}{\sigma^2} = \frac{\sum_{i=1}^{n}(X_i - \overline{X})^2}{\sigma^2} \sim \chi^2(n-1).$$

(3) 표본평균 $\overline{X}$와 표본분산 S^2은 독립이다.

(4) 모표준편차 σ 대신에 표본표준편차 S를 넣으면 자유도가 $n-1$인 t-분포한다.

$$T = \frac{\overline{X} - \mu}{S/\sqrt{n}} \sim t(n-1)$$

참고로, t-분포의 정의는 다음과 같다.

$Z \sim N(0,1)$, $V \sim \chi^2(r)$이고 서로 독립일 때,

$$T=\frac{Z}{\sqrt{V/r}}\sim t(r)$$

예제 8.4.1 고등학교의 1학년 남학생의 키는 평균이 173 표준편차가 4인 정규분포한다. 고등학교 1학년 남학생 중에서 16명을 임의추출하였을 때 표본평균 $\overline{X}$는 평균이 173이고, 표준편차가 $\frac{\sigma}{\sqrt{n}}=\frac{4}{\sqrt{16}}=1$인 정규분포하고, $\frac{(16-1)S^2}{4^2}$은 자유도가 15인 카이제곱분포한다. 또한 $Z=\frac{\overline{X}-\mu}{\sigma/\sqrt{n}}=\frac{\overline{X}-173}{4/\sqrt{16}}$은 표준정규분포 $N(0,1)$를 따르고, $T=\frac{\overline{X}-173}{S/\sqrt{16}}$은 자유도 15인 t-분포를 따른다.

연습문제 8.4.2 평균이 82이고 표준편차가 20인 모집단에서 크기가 100인 확률표본에 대해 표본평균이 78과 84 사이에 있을 확률은 얼마인가? 단, Z가 표준정규분포를 따르는 확률변수이고,

$$P(-1\le Z\le 1)=0.683, P(-2\le Z\le 2)=0.954, P(-3\le Z\le 3)=0.997$$

정리 8.4.2 중심극한정리(Central Limit Theorem)

모평균이 μ이고 모분산이 σ^2인 모집단에서 표본크기 n인 확률표본을 추출했을 때 표본크기가 크면 표본평균의 분포는 다음과 같은 근사적인 정규분포를 따른다.

$$Z=\frac{\overline{X}-\mu}{\sigma/\sqrt{n}}\rightarrow N(0,1)\quad as\quad n\rightarrow\infty.$$

중심극한정리는 모집단의 분포를 모르더라도 표본크기가 크면 표본평균의 분포는 근사적으로 정규분포를 따른다는 것을 밝혀준 정리로써 매우 유용한 것이다. 그리고 일반적으로 표본크기가 30이상인 경우를 대 표본으로 보고 중심극한정리를 사용한다. 실제로 모집단의 분포가 좌우대칭인 경우에는 표본 크기가 30 미만이라도 정규분포에 매우 가까워진다.

한편, t-분포는 자유도가 커지면 점점 표준정규분포에 가까워진다. 그러나 정규모집단

에서는 $T=\dfrac{\overline{X}-\mu}{S/\sqrt{n}} \sim t(n-1)$가 되지만 모집단의 분포를 모르는 경우에는 t-분포한다고 할 수 없다. 그러므로 정규모집단에 대한 확신이 없으면 표본크기를 크게 하여 중심극한정리를 적용하는 것이 바람직하다.

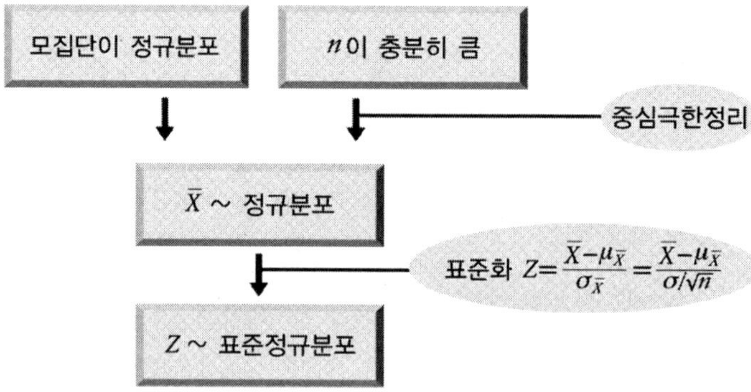

여론조사에서 많이 사용되고 있는 표본비율에 대한 분포를 알아보기로 하자. 모비율이 p인 모집단에서 표본크기 n인 확률표본을 추출하면 표본비율은 다음과 같다.

$$\hat{P}=\frac{(Y=\text{성공의 수})}{n}$$

여기에서 Y는 이항분포 $B(n,p)$를 따르므로 표본비율의 평균과 분산은

$$E(\hat{P})=E\left(\frac{Y}{n}\right)=\frac{1}{n}E(Y)=\frac{1}{n}np=p$$

$$Var(\hat{P})=Var\left(\frac{Y}{n}\right)=\frac{1}{n^2}Var(Y)=\frac{1}{n^2}np(1-p)=\frac{p(1-p)}{n}$$

이다. 만약 크기 N인 유한모집단이면 Y는 초기하분포 $H(N, M, n),\ p=\dfrac{M}{N}$를 따르고,

$$E(\hat{P})=E\left(\frac{Y}{n}\right)=\frac{1}{n}E(Y)=\frac{1}{n}n\left(\frac{M}{N}\right)=p$$

$$Var(\hat{P})=Var\left(\frac{Y}{n}\right)=\frac{1}{n^2}Var(Y)=\frac{1}{n^2}np(1-p)\frac{N-1}{N-n}=\frac{p(1-p)}{n}\frac{N-1}{N-n}$$

여기에서 $\dfrac{N-1}{N-n}$을 유한모집단의 수정항이라고 한다.

이항분포의 정규근사와 같이 다음과 같은 정리를 얻을 수 있다. 이를 드무아브르-라플라스 극한 정리라고 한다.

정리 8.4.3 표본비율의 근사적 분포

모비율 p인 모집단에서 표본크기 n인 확률표본을 추출하여 구한 표본비율 $\hat{P} = \dfrac{(Y = \text{성공의 수})}{n}$의 분포는 다음과 같다.

(1) 무한모집단인 경우에는 표본비율 $\hat{P}$의 평균은 p이고 분산은 $\dfrac{p(1-p)}{n}$이다.

(2) 유한모집단에서는 $\hat{P}$의 평균은 p이고 분산은 $\dfrac{p(1-p)}{n} \cdot \dfrac{N-1}{N-n}$이다.

여기에서 N은 유한모집단의 수이고, $\dfrac{N-1}{N-n}$은 유한모집단의 수정항이다.

(3) 표본비율을 표준화하면 다음과 같이 근사적으로 표준정규분포한다.

$$\frac{\hat{P}-p}{\sqrt{\dfrac{p(1-p)}{n}}} \to N(0,1) \ as \ n \to \infty .$$

(4) 모비율 p 대신에 표본비율의 분산의 추정치 $\dfrac{\hat{p}(1-\hat{p})}{n}$를 넣어도 근사적으로 정규분포한다. 즉,

$$\frac{\hat{P}-p}{\sqrt{\dfrac{\hat{p}(1-\hat{p})}{n}}} \to N(0,1) \ as \ n \to \infty .$$

예제 8.4.3 (1) (유한모집단) 어느 고등학교에 남학생은 640명, 여학생은 960명이 재학하고 있다. 100명의 학생을 임의추출했을 때 남학생의 표본비율 $\hat{P}$의 평균과 분산은 다음과 같다. 크기가 $N = 1600$인 유한모집단에 표본크기 $n = 100$을 임의추출하였으므로 평균은 $E(\hat{P}) = \dfrac{640}{1600} = 0.4$이고, 분산은

$$Var(\hat{P}) = \frac{0.4(1-0.4)}{100}\frac{(1600-1)}{(1600-100)} = 0.0024 \times 1.066 = 0.0025584.$$

임의추출한 100명 중에서 남학생이 50명 이상일 확률은

$$\Pr[\widehat{P} \geq \frac{50}{100}] = \Pr[\frac{\widehat{P}-p}{\sqrt{\frac{p(1-p)}{n}\frac{N-1}{N-n}}} \geq \frac{0.5-0.4}{\sqrt{0.0025584}}]$$

$$\fallingdotseq \Pr[Z \geq 1.977] = 0.024$$

(2) (무한모집단) 남학생의 비율 $p=0.4$인 무한모집단에서 100명을 임의추출했을 때 남학생의 표본비율 $\widehat{P}$의 평균과 분산은 다음과 같이 구할 수 있다.

평균은 $E(\widehat{P}) = p = 0.4$, 분산은 $Var(\widehat{P}) = \frac{p(1-p)}{n} = \frac{0.4(1-0.4)}{100} = 0.0024$이다. 그러므로 임의추출한 100명 중에서 남학생이 50명이상일 확률은 다음과 같다.

$$\Pr[\widehat{P} \geq \frac{50}{100}] = \Pr[\frac{\widehat{P}-p}{\sqrt{\frac{p(1-p)}{n}}} \geq \frac{0.5-0.4}{\sqrt{0.0024}}]$$

$$\fallingdotseq \Pr[Z \geq 2.04] = 0.021$$

연습문제 8.4.4 어느 도시의 성인 중 20%가 A 통신사를 이용한다고 한다. 이 도시의 성인 400명을 임의로 조사할 때, A 통신사를 이용하는 성인이 80명 이상 92명 이하가 될 확률을 정규근사를 이용하여 구하면 $P(0 \leq Z \leq k)$이다. k의 값을 구하라. (단, Z는 표준정규분포를 따르는 확률변수이고 연속성 보정은 하지 않는다.)

연습문제 8.4.5 5개 중 하나를 택하는 선다형 문제가 100문항 있는 시험에서 랜덤하게 답을 써넣는 경우에 다음 물음에 답하라. 여기에서 확률변수 X는 정답 수라 하자.

(1) 확률변수 X의 분포는? (분포명, 확률밀도함수).

(2) 정답이 하나도 없을 확률은?

(3) P(15≤X≤30)의 근사적 확률값을 구하는 과정을 기술하라.

연습문제 8.4.6 $X_1, X_2, \ldots, X_n$이 정규분포 $N(\mu, \sigma^2)$의 확률표본이다.

$$\text{표본평균}\overline{X} = \frac{1}{n}\sum_1^n X_i, \qquad \text{표본분산}S^2 = \frac{1}{n-1}\sum_1^n (X_i - \overline{X})^2$$

다음의 분포를 말하라(분포명과 모수).

(1) 표본평균 $\overline{X}$

(2) $\dfrac{(n-1)S^2}{\sigma^2}$

(3) $\dfrac{\overline{X}-\mu}{\sigma/\sqrt{n}}$

(4) $\dfrac{\overline{X}-\mu}{s/\sqrt{n}}$

(5) 표본평균과 관련하여 t-분포를 설명하라.

(6) 모집단의 분포를 모를 경우 표본평균의 분포에 대해 중심극한정리와 연관하여 설명하라.

제9장

추정

9.1 점 추정

관심의 대상 전체집단, 즉 모집단(population)의 특성치인 모평균(mean) μ, 모분산(varience) σ^2, 모비율(proportion) p 등, 예를 들어서 고등학교 남학생들의 평균 신장과 분산, 올해의 벼 수확량, 신약의 약효, 대통령 지지율에 대해 관심이 있을 때 우리는 표본을 통하여 이들 값을 짐작하고자 한다. 통계학에서는 모집단에서 추출한 확률표본 $X_1, X_2, \cdots, X_n$을 이용하여 이들에 대한 짐작을 확률로 표현하게 되고, 현재까지 검증된 과학적인 방법에서 얻은 정보라는 관점에서 통계학을 이해하고 인용하게 된다. 여기에서 다루는 것은 중등학교 교과수준과 임용고사 수준에 대한 것만을 다루고 있지만 실제로 통계적 방법과 그에 대한 이론은 계속 발전되고 있다.

확률표본의 함수인 통계량(statistic), $u(X_1, X_2, \cdots, X_n)$을 사용하여 모수 θ를 추정하고 검정하고자 하는데 이를 통계적 추론이라 한다. 추정에 사용되는 통계량을 **추정량**(estimator), 가설검정에 사용되는 통계량을 **검정통계량**(test statistic)이라 한다.

본 절에서는 통계적 추정(estimation)에 대해서 알아보기로 한다. 모수 θ를 1개의 값으로 추정하는 것을 **점 추정**(point estimation)이라 하고, 구간으로 추정하는 것을 **구간 추정**(interval estimation)이라 한다. 점 추정량을 찾는 방법으로는 모멘트 법(the method of moment), 최우추정법(maximum likelihood estimation), 최소제곱법(least square estimation) 등이 있다. 그리고 바람직한 추정량이 되기 위한 조건으로는 불편성(unbiasedness), 일치성(consistency), 유효성(efficiency), 충분성(sufficiency) 등을 조사하게 된다. 여기서는 점 추정량을 찾는 방법은 다루지 않고 추정량의 판단기준에 대해서만 간단히 알아보기로 한다.

기본 개념 9.1.1 불편성(unbiasedness)

모수 θ를 추정하기 위한 추정량 $\hat{\theta}$의 기댓값이 θ이면 불편성을 만족한다고 한다.
즉, $E(\hat{\theta}) = \theta$ 이면 추정량 $\hat{\theta}$는 θ의 불편추정량(unbiased estimator)이다.

예제 9.1.1 (1) 표본평균 $\overline{X} = \frac{1}{n}\sum_{1}^{n} X_i$ 는 $E(\overline{X}) = \mu$이므로 모평균 μ의 불편추정량 이다.

(2) 표본분산 $S^2 = \frac{1}{n-1}\sum_{1}^{n}(X_i - \overline{X})^2$은 $E(S^2) = \sigma^2$이므로 모분산 σ^2의 불편추정량이다. 표본분산을 n 대신에 $n-1$로 나누는 이유가 불편추정량이 되도록 하기 위한 것이며 그래서 이를 불편표본분산이라고도 한다.

(3) 표본비율 $\widehat{P}$은 $E(\widehat{P}) = p$이므로 모비율 p의 불편추정량이다.

(4) 표본비율 $\widehat{P}$의 분산 $Var(\widehat{P}) = \frac{p(1-p)}{n}$의 불편추정량은 $\frac{\widehat{P}(1-\widehat{P})}{n-1}$이다.

$$
\begin{aligned}
(\because) \quad E\left(\frac{\widehat{P}(1-\widehat{P})}{n-1}\right) &= \frac{1}{n-1}\left\{E(\widehat{P}) - E(\widehat{P}^2)\right\} \\
&= \frac{1}{n-1}\left\{p - \frac{p(1-p)}{n} - p^2\right\} \\
&= \frac{1}{n-1}\left\{\frac{np - p + p^2 - np^2}{n}\right\} \\
&= \frac{1}{n-1}\left\{\frac{(n-1)p(1-p)}{n}\right\} \\
&= \frac{p(1-p)}{n}
\end{aligned}
$$

연습문제 9.1.2 모평균이 μ인 모집단으로부터 표본크기 $n=3$인 확률표본 X_1, X_2, X_3을 추출했을 때 다음의 추정량 중에서 모평균 μ의 불편추정량이 되는 것을 찾아라.

(1) $\frac{1}{4}\{X_1 + 2X_2 + X_3\}$ (2) $\frac{1}{5}\{2X_1 + X_2 + 2X_3\}$

(3) $\frac{1}{3}\{X_1 + X_2 + X_3\}$ (4) $\frac{1}{2}\{X_1 + X_3\}$

위의 연습문제에서 모평균 μ 의 불편추정량은 여러 개 있을 수 있음을 알았다. 그렇다면 불편추정량 중에서 추정에 더욱 적합한 추정량을 어떤 것일까? 직관적으로 불편추정량 중에서는 분산이 적을수록 추정의 정확도가 높아진다는 것을 알 수 있으므로 다음과 같은 유효추정량을 정의하게 된다.

기본 개념 9.1.2 유효성(efficiency), 최유효추정량(efficient estimator)

모수 θ의 추정량 $\widehat{\theta_1}, \widehat{\theta_2}$ 가 불편성을 만족할 때 두 추정량 중에서 분산이 작은 것을 더 유효한 추정량이라 한다. 즉, $E(\widehat{\theta_1}) = E(\widehat{\theta_2}) = \theta$, $Var(\widehat{\theta_1}) \le Var(\widehat{\theta_2})$이면 $\widehat{\theta_1}$이 $\widehat{\theta_2}$보다 더 유효한 추정량이다.

또한, 모든 불편추정량 $\widehat{\theta_1}, \widehat{\theta_2}, \ldots$ 중에서 분산이 가장 작은 추정량을 최유효추정량이(efficient estimator)라고 한다.

예제 9.1.3 (1) 표본평균 $\overline{X} = \frac{1}{n}\sum_{1}^{n} X_i$ 는 모평균 μ의 최유효추정량이다.

(2) 표본비율 $\widehat{P}$ 은 모비율 p의 최유효추정량이다.

최유효추정량을 밝히는 정리는 여기서는 다루지 않는다.

연습문제 9.1.4 모평균이 μ 모분산이 σ^2인 모집단으로부터 표본크기 $n=3$인 확률표본 X_1, X_2, X_3을 추출했을 때 다음의 추정량들의 분산을 구하고 가장 유효한 추정량을 찾아라.

(1) $\frac{1}{4}\{X_1 + 2X_2 + X_3\}$　　(2) $\frac{1}{5}\{2X_1 + X_2 + 2X_3\}$

(3) $\frac{1}{3}\{X_1 + X_2 + X_3\}$　　(4) $\frac{1}{2}\{X_1 + X_3\}$

일반적으로 추정량은 표본을 많이 추출할수록 모수에 가까워진다. 그렇다면 표본을 무한히 많이 추출했을 때 추정량이 모수와 같아지는 것이 바람직하지 않을까? 그래서 다음과 같은 일치추정량을 정의하게 된다.

기본 개념 9.1.3 일치성(consistency), 일치추정량(consistent estimator)

모수 θ의 추정량 $\widehat{\theta_n}$가 표본을 무수히 많이 추출했을 때 모수 θ에 확률 수렴하면 $\widehat{\theta_n}$ 일치성이 있다고 하고, 모수 θ의 일치추정량이라고 한다.
즉, 임의의 상수 $\varepsilon > 0$에 대하여 $\lim_{n\to\infty} \Pr\left[\left|\widehat{\theta_n} - \theta\right| \le \varepsilon\right] = 1$이면, $\widehat{\theta_n}$은 모수 θ의 일치추정량이다.

예제 9.1.5 대수의 법칙(law of large number)

(1) 표본평균 $\overline{X} = \frac{1}{n}\sum_{1}^{n} X_i$ 는 모평균 μ의 일치추정량이다.

(2) 표본비율 $\widehat{P}$은 모비율 p의 일치추정량이다.

풀이

(1) 표본평균 $\overline{X}$의 평균은 μ 분산은 σ^2/n이므로 체비세프 부등식을 적용하면 임의의 상수 $k > 0$에 대하여 $P[|\overline{X} - \mu| \le k\frac{\sigma}{n}] \ge 1 - \frac{1}{k^2}$가 된다.

여기에서 $k\frac{\sigma}{n} = \varepsilon$ 로 두면 $\lim_{n\to\infty} \Pr[|\overline{X} - \mu| \le \varepsilon] \ge \lim_{n\to\infty}(1 - \frac{\sigma^2}{(n\varepsilon)^2}) = 1$이고, 확률은 1 이하이므로 다음이 성립한다.

임의의 상수 $\varepsilon > 0$ 에 대하여 $\lim_{n\to\infty} \Pr[|\overline{X} - \mu| \le \varepsilon] = 1$이 된다.

(2) 표본비율 $\widehat{P}$은 평균이 p이고 분산이 $\frac{p(1-p)}{n}$이므로, 임의의 상수 $k > 0$에 대하여 $P[|\widehat{P} - p| \le k\frac{p(1-p)}{n}] \ge 1 - \frac{1}{k^2}$가 된다. 여기에서 $k\frac{p(1-p)}{n} = \varepsilon$로 두면 $\lim_{n\to\infty} \Pr[|\widehat{P} - p| \le \varepsilon] \ge \lim_{n\to\infty}(1 - \frac{(p(1-p))^2}{(n\varepsilon)^2}) = 1$이고, 확률은 1 이하이므로 다음이 성립한다.

임의의 상수 $\varepsilon > 0$에 대하여 $\lim_{n\to\infty} \Pr[|\widehat{P} - p| \le \varepsilon] = 1$이 된다.

또한, 불편추정량인 경우에는 간단히 $\lim_{n\to\infty} Var(\widehat{\theta_n}) = 0$이면 일치추정량이 된다. 이에 대한 증명은 생략하기로 한다.

기본 개념 9.1.4 충분성(sufficiency), 충분통계량(sufficient estimator)

추정량 $\hat{\theta}$ 가 모수 θ를 추정하는데 주어진 $\hat{\theta}$ 하에서 표본들의 조건부 확률밀도함수 $f(x_1, x_2, \cdots, x_n | \hat{\theta})$가 모수 θ와 무관하면 추정량 $\hat{\theta}$ 는 모수 θ를 추정하는데 충분하므로 충분통계량이라고 한다.

주어진 $\hat{\theta}$ 하에서 표본들의 조건부 확률밀도함수 $f(x_1, x_2, \cdots, x_n | \hat{\theta})$가 모수 θ와 무관하다는 것은 추정량 $\hat{\theta}$ 가 모수 θ에 대한 정보를 다 갖고 있다고 볼 수 있으므로, 모수 θ를 추정하는데 충분하다는 것을 의미한다. 충분성을 밝히기 위한 정리가 있으나 여기서는 다루지 않는다.

예제 9.1.6 (1) 표본평균 $\overline{X} = \dfrac{1}{n}\sum_{1}^{n} X_i$는 모평균 μ의 충분통계량이다.

(2) 표본비율 $\widehat{P}$ 은 모비율 p의 충분통계량이다.

9.2 구간 추정

모수 θ를 하나의 값으로 추정하는 점 추정(point estimation)의 값은 모수의 참값에 가까운 값으로 완전히 일치하지는 않는다. 그리고 이 값이 참값에 얼마나 가까운 값인지도 알 수가 없다. 그래서 모수의 참값이 속해 있을 만한 구간을 구하는 것이 필요하고 이렇게 구한 구간을 얼마나 신뢰할 수 있는지에 대한 **신뢰계수**(신뢰도, confidence coefficient)를 제공하는 것이 **신뢰구간 추정**(confidence interval estimation)이라 한다. 그러나 신뢰구간의 폭이 너무 넓으면 모수의 참값에 대한 신뢰 할 수 있는 범위가 너무 넓어지게 되어 참값을 짐작하기 어려운 점이 있다. 일반적으로 신뢰계수는 90%, 95%, 99%에서 신뢰구간을 추정하는데 신뢰계수가 클수록 신뢰구간의 폭은 넓어지게 된다.

확률표본의 함수인 점 추정량 $\hat{\theta} = u(X_1, X_2, \cdots, X_n)$을 사용하여 모수 θ를 신뢰계수 $100(1-\alpha)\%$로 신뢰구간을 추정하는 것은 확률 $\Pr[L(\hat{\theta}) < \theta < U(\hat{\theta})] = 1-\alpha$를 만족하는 길이가 최소가 되는 하한 $L(\hat{\theta})$와 상한 $U(\hat{\theta})$의 실제 값을 구하여 구간으로 나타낸 것이다. 여기에서 α를 유의수준이라고 한다. 신뢰계수 $100(1-\alpha)\%$의 신뢰구간은 $L(\hat{\theta}) < \theta < U(\hat{\theta})$ 또는 $(L(\hat{\theta}), U(\hat{\theta}))$로 나타낸다. 신뢰계수 $100(1-\alpha)\%$의 신뢰구간 $(L(\hat{\theta}), U(\hat{\theta}))$은 모수의 참값 θ를 포함할 확률이 $100(1-\alpha)\%$라는 것이 아니라, 신뢰할 수 있는 수준이 $100(1-\alpha)\%$라는 것이다. 신뢰수준이라는 것은 지금 구한 신뢰구간이 모수의 참값을 포함하고 있는지는 알 수 없지만 이러한 실험을 계속해서 신뢰구간을 구했을 때 구한 신뢰구간의 $100(1-\alpha)\%$는 모수의 참값을 포함하고 있을 것이라는 것을 나타낸다.

예를 들어 정규모집단 $X \sim N(\mu, \sigma^2)$에서 표본크기 n인 확률표본 $X_1, X_2, \cdots, X_n$을 추출했을 때, 표본평균 $\overline{X} = \frac{1}{n}\sum_{i=1}^{n} X_i$는 평균이 μ, 분산이 $\frac{\sigma^2}{n}$인 정규분포를 따른다. 그리고 불편성, 일치성, 유효성 그리고 충분성을 만족하는 좋은 점 추정량이다. 그래서 표본평균 $\overline{X}$를 사용하여 모평균 μ에 대한 신뢰계수 95%의 신뢰구간을 구하면,

$\overline{X} \sim N(\mu, \frac{\sigma^2}{n}),\ Z = \frac{\overline{X}-\mu}{\sigma/\sqrt{n}} \sim N(0,1)$이므로

$$(1-0.05) = \Pr[-1.96 < \frac{\overline{X}-\mu}{\sigma/\sqrt{n}} < 1.96]$$

$$= \Pr[\overline{X} - 1.96 \cdot \frac{\sigma}{\sqrt{n}} < \mu < \overline{X} + 1.96 \cdot \frac{\sigma}{\sqrt{n}}]$$

그러므로 신뢰계수 95%의 신뢰구간은 $\left(\overline{x} - 1.96 \cdot \frac{\sigma}{\sqrt{n}},\ \overline{x} + 1.96 \cdot \frac{\sigma}{\sqrt{n}}\right)$이 된다. 여기에서 $\overline{X}$ 는 점 추정량이고 확률변수로써 확률분포가 있으나, $\overline{x}$ 는 점 추정치로 실제 값을 나타냄을 유의해야 한다. 정규분포는 좌우대칭이므로 위에서 구한 구간의 길이가 최소가 되고, 표준정규분포에서 -1.96과 +1.96 사이의 확률은 0.95이고, -1.645와 +1.645 사이의 확률은 0.90, 그리고 -2.58과 2.58 사이의 확률은 0.99가 된다는 것을 기억하고 있으면 도움이 된다.

일반적으로 대부분의 경우에는 신뢰구간을 다음과 같이 구할 수 있음을 알 수 있다.

(점 추정치) ± (분포의 계수) × (표준오차)

(1) 모평균 μ의 신뢰구간 : $(\overline{x}) \pm (1.96) \cdot \left(\frac{\sigma}{\sqrt{n}}\right)$, 신뢰계수 95%

$(\overline{x}) \pm (1.645) \cdot \left(\frac{\sigma}{\sqrt{n}}\right)$, 신뢰계수 90%

$(\overline{x}) \pm (2.58) \cdot \left(\frac{\sigma}{\sqrt{n}}\right)$, 신뢰계수 99%

(2) 모비율 p의 신뢰구간 : $(\hat{p}) \pm (1.96) \cdot \left(\sqrt{\frac{\hat{p}(1-\hat{p})}{n}}\right)$, 신뢰계수 95%

$(\hat{p}) \pm (1.645) \cdot \left(\sqrt{\frac{\hat{p}(1-\hat{p})}{n}}\right)$, 신뢰계수 90%

$(\hat{p}) \pm (2.58) \cdot \left(\sqrt{\frac{\hat{p}(1-\hat{p})}{n}}\right)$, 신뢰계수 99%

9.3 모평균의 구간 추정

모평균 μ의 신뢰구간은 표본평균 $\overline{X}$를 사용하여 구하는데 모분산 σ^2이 알려진 경우, 그렇지 않은 경우, 그리고 대표본인 경우로 나누어 구하게 된다. 왜냐하면 정규모집단 $X \sim N(\mu, \sigma^2)$에서 표본크기 n인 표본평균 $\overline{X}$의 확률분포는 모분산 σ^2을 알고 있는 경우에는 정규분포 그렇지 않으면 다음과 같이 t-분포를 따른다.

(1) 모분산 σ^2을 알고 있는 경우에는 표준정규분포를 사용하여, $\overline{X} \sim N\left(\mu, \dfrac{\sigma^2}{n}\right)$,

$Z = \dfrac{\overline{X} - \mu}{\sigma / \sqrt{n}} \sim N(0,1)$이므로

$$(1-\alpha) = \Pr[-z(\frac{\alpha}{2}) < \frac{\overline{X}-\mu}{\sigma/\sqrt{n}} < z(\frac{\alpha}{2})]$$

$$= \Pr[\overline{X} - z(\frac{\alpha}{2}) \cdot \frac{\sigma}{\sqrt{n}} < \mu < \overline{X} + z(\frac{\alpha}{2}) \cdot \frac{\sigma}{\sqrt{n}}]$$

그러므로 모평균 μ의 신뢰구간은 $(\overline{x}) \pm z(\frac{\alpha}{2}) \cdot (\frac{\sigma}{\sqrt{n}})$, (신뢰계수 $1-\alpha$)이다.

여기에서 $Z \sim N(0,1)$, $\Pr[-z(\frac{\alpha}{2}) < Z < z(\frac{\alpha}{2})] = 1-\alpha$이다.

신뢰구간의 길이가 너무 넓으면 모평균의 참값의 범위가 너무 넓어 유용한 정보를 얻을 수가 없다. 그래서 사전에 신뢰구간의 길이에 대한 허용한계를 정한 후에 이에 맞추어 추출할 표본크기를 결정하기도 한다. 신뢰구간 길이의 허용 오차한계가 d 이하가 되도록 하려면, 신뢰구간의 길이는 2×(오차한계)이므로 다음과 같이 계산할 수 있다.

$2 \times z\left(\dfrac{\alpha}{2}\right) \cdot \left(\dfrac{\sigma}{\sqrt{n}}\right) \le d$를 정리하면 $n \ge \left(2 \times \dfrac{z\left(\frac{\alpha}{2}\right)\sigma}{d}\right)^2$ 가 된다. 그러므로 표본크기의 결정은 모분산 σ^2를 알고 있어야 구할 수 있으며, 모르는 경우에는 모분산에 대한 사전 정보를 활용하기도 한다.

(2) 모분산을 모르는 경우에는 모표준편차 σ 대신에 표본표준편차 S를 넣으면 자유도가

$n-1$인 t분포가 되므로, 즉 $T=\dfrac{\overline{X}-\mu}{S/\sqrt{n}} \sim t(n-1)$이므로

$$(1-\alpha)=\Pr[-t(n-1,\frac{\alpha}{2})< \frac{\overline{X}-\mu}{S/\sqrt{n}}< t(n-1,\frac{\alpha}{2})]$$

$$=\Pr[\overline{X}-t(n-1,\frac{\alpha}{2})\cdot\frac{S}{\sqrt{n}} < \mu < \overline{X}+t(n-1,\frac{\alpha}{2})\cdot\frac{S}{\sqrt{n}}]$$

그러므로 모평균 μ의 신뢰구간은 $(\overline{x}) \ \pm\ t(n-1,\frac{\alpha}{2})\cdot(\frac{s}{\sqrt{n}})$, (신뢰계수 $1-\alpha$).

여기에서 $T\sim t(n-1)$, $\Pr[-t(n-1,\frac{\alpha}{2})< T < t(n-1,\frac{\alpha}{2})]=1-\alpha$이다.

(3) 모집단의 분포를 모르는 경우에는, 즉 정규모집단이 아니더라도, 표본크기가 클 경우에는 중심극한정리에 의해서 표준정규분포를 사용하여

$$Z=\frac{\overline{X}-\mu}{s/\sqrt{n}} \sim N(0,1) \ \ as\ n\to\infty$$

$$(1-\alpha)=\Pr[-z(\frac{\alpha}{2})< \frac{\overline{X}-\mu}{S/\sqrt{n}}< z(\frac{\alpha}{2})]$$

$$=\Pr[\overline{X}-z(\frac{\alpha}{2})\cdot\frac{S}{\sqrt{n}} < \mu < \overline{X}+z(\frac{\alpha}{2})\cdot\frac{S}{\sqrt{n}}]$$

그러므로 모평균 μ의 신뢰구간은 $(\overline{x})\pm z\left(\frac{\alpha}{2}\right)\cdot\left(\frac{s}{\sqrt{n}}\right)$, (신뢰계수 $1-\alpha$)이다.

예제 9.3.1 [2004학년도 교원임용고사 기출문제]

2003년도 전국학력평가에 응시한 수험생 중에서 자연계 수험생 64명, 인문계 수험생 9명을 임의로 선택하여 수리영역의 점수를 조사하였다. 그 결과 자연계 수험생은 평균이 48점, 표준편차가 5.6점이었고 인문계 수험생을 평균이 42점, 표준편차가 7.5점이었다. 자연계와 인문계에 응시한 수험생 전체의 수리영역 점수가 각각 정규분포를 이룬다고 가정하고 두 집단의 평균점수를 추정하려고 한다. 다음 물음에 답하라.

(1) 아래의 표준정규분포표를 이용하여 자연계 수험생 전체의 수리영역 평균점수를 신뢰도 95%의 신뢰구간으로 추정하라.

[표준정규분포표 ($P(0 \le Z \le z)$)]

z	0.05	0.06
1.6	.4505	.4515
1.7	.4599	.4608
1.8	.4678	.4686
1.9	.4744	.4750

(2) 아래의 t-분포표를 이용하여 인문계 수험생 전체의 수리영역 평균점수를 신뢰도 95%의 신뢰구간으로 추정하라.

[t-분포표 ($P(t \ge t_0) = \alpha$)]

자유도 \ α	0.05	0.025
7	1.895	2.365
8	1.860	2.306
9	1.833	2.262
10	1.812	2.228

풀이

(1) 자연계 수험생의 표본의 크기는 $n_1 = 64$, 표본평균은 $\overline{X_1} = 48$, 표본표준편차는 $S_1 = 5.6$이다. 여기서 모분산 σ_1^2이 알려지지 않았지만 표본의 크기 $n_1 = 64$가 충분히 커서 중심극한정리에 의하여 모분산 σ_1^2의 추정량인 S_1^2을 사용하면 정규분포로 근사하므로 모평균 μ의 신뢰구간은 표준정규분포에 의하여 $\left|\overline{X_1} - \mu_1\right| \le Z_{\alpha/2} \times \dfrac{S_1}{\sqrt{n_1}}$이다. 그리고 신뢰도가 95%이면 $P\left(0 \le \dfrac{\overline{X_1} - \mu_1}{\dfrac{S_1}{\sqrt{n_1}}} \le z_{\alpha/2}\right) = 0.475$이므로 $Z_{\alpha/2} = Z_{0.025} = 1.96$이다. 따라서 모평균 μ_1의 신뢰구간은 $|48 - \mu_1| \le 1.96 \times \dfrac{5.6}{\sqrt{64}}$이다. 즉, 모평균 μ_1의 신뢰구간은 $46.628 \le \mu_1 \le 49.372$ 또는 $(46.628, 49.382)$이다.

(2) 인문계 수험생의 표본의 크기는 $n_2 = 9$, 표본평균은 $\overline{X_2} = 42$, 표본표준편차는 $S_2 = 7.5$이다. 여기서 모분산 σ_2^2 대신 S_2^2을 사용하여 t-분포에 의하여 모평균 μ_2의 신뢰구간을 구한다. 즉, 모평균 μ_2의 신뢰구간은 $\left|\overline{X_2} - \mu_2\right| \le t_{\alpha/2}(n-1) \times \dfrac{S_2}{\sqrt{n_2}}$이고 신뢰도가

95%이면 $t_{\alpha/2}(n-1) = t_{0.025}(8) = 2.306$이다. 따라서 모평균 μ_2의 신뢰구간은 $|42-\mu_2| \le 2.306 \times \dfrac{7.5}{\sqrt{9}}$이다. 즉, 모평균 μ_2의 신뢰구간은 $36.235 \le \mu_2 \le 47.765$ 또는 $(36.235, 47.765)$이다.

예제 9.3.2 [1998학년도 교원임용고사 기출문제]

평균 μ, 분산 4인 정규분포에 따르는 모집단에서 크기 n인 임의의 표본을 추출하여 그 표본에서 얻은 평균을 $\overline{X}$라고 할 때, 다음 물음에 답하라.

(1) $n=100$, $\overline{X}=10$일 때, 신뢰도 95%로 μ의 신뢰구간을 구하라.

(2) $|\overline{X}-\mu| \le \dfrac{1}{2}$인 확률이 95% 이상이 되게 하려면 n의 크기를 얼마로 하면 되는지 구하라.

풀이 모분산이 $\sigma^2=4$로 알려진 경우의 모평균 μ의 신뢰구간은 표준정규분포를 이용하므로 신뢰구간은 $|\overline{X}-\mu| \le Z_{\alpha/2} \times \dfrac{\sigma}{\sqrt{n}}$, 즉 $|\overline{X}-\mu| \le Z_{\alpha/2} \times \dfrac{2}{\sqrt{n}}$이다.

(1) 표본평균 $\overline{X}=10$, 표본의 개수 $n=100$이고 신뢰도가 95%이면 유의수준은 5%이므로 $Z_{\alpha/2} = Z_{0.025} = 1.96$이다. 그러므로 모평균 μ의 신뢰구간은 $|10-\mu| \le 1.96 \times \dfrac{2}{\sqrt{100}}$이다. 따라서 모평균 μ의 신뢰구간은 $9.608 \le \mu \le 10.392$ 또는 $(9.608, 10.392)$이다.

(2) 신뢰도 95%이면 유의수준은 5%이므로 $Z_{\alpha/2} = Z_{0.025} = 1.96$이다. 그러므로 모평균 μ의 신뢰구간은 $|\overline{X}-\mu| \le 1.96 \times \dfrac{2}{\sqrt{n}} \le \dfrac{1}{2}$이고 표본의 크기는 $n \ge (1.96 \times 4)^2 = 61.4656$이다. 따라서 구하는 표본의 크기는 62 이상이면 된다.

연습문제 9.3.3 평균 μ, 분산 4인 정규모집단에서 모평균에 대한 신뢰도 95% 신뢰구간의 길이가 1이하가 되도록 하려면 표본을 얼마나 추출하여야 하는지 결정하라.

9.4 모비율의 구간 추정

모비율의 구간 추정은 선거 여론조사에서 유용하게 사용되는데, 예를 들어 후보자의 지지율, 어떤 정책에 대한 지지율 등을 추정하고자 할 때 사용된다. 모비율 p인 모집단에서 표본크기 n인 확률표본을 추출하여 구한 표본비율$\hat{P}=\frac{(Y=\text{성공의 수})}{n}$의 분포는 평균은 p이고 분산은 $\frac{p(1-p)}{n}$이며, 다음과 같이 근사적으로 표준정규분포한다.

$$\frac{\hat{P}-p}{\sqrt{\frac{p(1-p)}{n}}} \to N(0,1)\ as\ n\to\infty.$$

또한, 모비율 p 대신에 표본비율의 분산의 추정치 $\frac{\hat{p}(1-\hat{p})}{n}$를 넣어도 근사적으로 표준정규분포한다. 즉,

$$\frac{\hat{P}-p}{\sqrt{\frac{\hat{p}(1-\hat{p})}{n}}} \to N(0,1)\ as\ n\to\infty.$$

일반적으로,

$$\begin{aligned}(1-\alpha) &= \Pr[-z(\frac{\alpha}{2}) < \frac{\hat{P}-p}{\sqrt{\hat{P}(1-\hat{P})/n}} < z(\frac{\alpha}{2})] \\ &= \Pr[\hat{P}-z(\frac{\alpha}{2})\cdot\sqrt{\frac{\hat{P}(1-\hat{P})}{n}} < p < \hat{P}+z(\frac{\alpha}{2})\cdot\sqrt{\frac{\hat{P}(1-\hat{P})}{n}}].\end{aligned}$$

그러므로 모비율 p의 신뢰구간은 $\hat{p}\pm z(\frac{\alpha}{2})\cdot\sqrt{\frac{\hat{p}(1-\hat{p})}{n}}$, (신뢰계수 $1-\alpha$)이다. 여기에서 $\hat{P}$은 점 추정량으로 확률변수이고, $\hat{p}$은 점 추정치의 실제 값이다.

여론조사의 결과에 자주 나타나는 95% 신뢰오차한계는 $\pm 1.96\cdot\sqrt{\frac{\hat{p}(1-\hat{p})}{n}}$ 으로 계산된다. 모평균에서와 마찬가지로 허용 오차한계가 d 이하가 되도록 하기 위해서 필요한 표본크기는 다음과 같이 구할 수 있다.

$$z(\frac{\alpha}{2})\cdot\sqrt{\frac{p(1-p)}{n}} \le d \Leftrightarrow n \ge \frac{(z(\frac{\alpha}{2}))^2\cdot p(1-p)}{d^2}$$

그러나 모비율 p를 알 수 없으므로, 사전 시험조사에서 구한 점 추정치 $\hat{p}$을 사용하여 다음과 같이 구할 수도 있다.

$$z(\frac{\alpha}{2})\cdot\sqrt{\frac{\hat{p}(1-\hat{p})}{n}} \le d \Leftrightarrow n \ge \frac{(z(\frac{\alpha}{2}))^2\cdot \hat{p}(1-\hat{p})}{d^2}$$

그러나 일반적으로 다음과 같이 근사적으로 충분한 표본크기를 구하기도 한다.
95% 신뢰구간의 근사적 오차한계는 $p=0.5$일 때 $p(1-p)$값이 최대가 되므로,

$$\pm 1.96\cdot\sqrt{\frac{p(1-p)}{n}} \le \pm 2\cdot\sqrt{\frac{0.5(1-0.5)}{n}} = \frac{1}{\sqrt{n}}$$

를 사용하기도 한다. 예를 들어서 표본크기가 $n=100$이면 오차한계가 0.1이고, $n=400$이면 오차한계가 0.5, $n=1,000$이면 오차한계가 $\sqrt{\frac{1}{1000}}$ 이 된다.

예제 9.4.1 어떤 정당에서 새로운 정책에 대한 A, B 지역의 찬성자 수를 조사한 결과이다.

	A 지역	B 지역
찬성자 수	250	360
조사자 수	500	600

(1) A 지역의 찬성자 비율에 대한 95.4% 신뢰구간을 구하라(단, 소수 넷째자리에서 반올림하라. 그리고 $Z \sim N(0,1)$일 때, $P(|Z| \le 2) = 0.954$).

풀이

$$\hat{p} \pm z(0.023)\times\sqrt{\frac{\hat{p}(1-\hat{p})}{n}} = 0.5 \pm 2\times\sqrt{\frac{0.25}{500}}$$

$$= 0.5 \pm 2\times\sqrt{\frac{5}{10000}}$$

$$= 0.5 \pm 2\times 0.02236 \fallingdotseq 0.5 \pm 0.045$$

그러므로 95.4% 신뢰구간은 $(0.455,\ 0.545)$이다.

연습문제 9.4.2 위의 예제에서 B 지역의 찬성자 비율에 대한 90%, 95%, 99% 신뢰구간을 각각 구하라.

연습문제 9.4.3 사전 선거여론조사에서 후보자의 지지율을 조사하고자 한다.

(1) 95% 신뢰오차한계가 ± 0.02 이하가 되도록 하려면 표본크기를 어느 정도 해야 충분한가?

(2) 95% 신뢰구간의 길이가 0.05 이하가 되도록 하려면 표본크기를 어느 정도 해야 충분한가?

9.5 모분산의 구간 추정

정규모집단 $X \sim N(\mu, \sigma^2)$에서 표본크기 n인 확률표본 $X_1, X_2, \cdots, X_n$을 추출하면 표본분산 $S^2 = \frac{1}{n-1}\sum_{i=1}^{n}(X_i - \overline{X})^2$에서 $\frac{(n-1)S^2}{\sigma^2}$은 자유도가 $(n-1)$인 카이제곱 분포 한다. 즉,

$$\frac{(n-1)S^2}{\sigma^2} = \frac{\sum_{i=1}^{n}(X_i - \overline{X})^2}{\sigma^2} \sim \chi^2(n-1).$$

그러므로 모분산 σ^2의 신뢰도 $100(1-\alpha)\%$의 신뢰구간은

$$(1-\alpha) = \Pr[-\chi^2(n-1, \frac{\alpha}{2}) < \frac{(n-1)S^2}{\sigma^2} < \chi^2(n-1, 1-\frac{\alpha}{2})]$$

$$= \Pr[\frac{(n-1)S^2}{\chi^2(n-1, 1-\frac{\alpha}{2})} < \sigma^2 < \frac{(n-1)S^2}{\chi^2(n-1, \frac{\alpha}{2})}]$$

모분산 σ^2의 신뢰구간은 $\frac{(n-1)S^2}{\chi^2(n-1, 1-\frac{\alpha}{2})} < \sigma^2 < \frac{(n-1)S^2}{\chi^2(n-1, \frac{\alpha}{2})}$이다.

여기에서 $(1-\frac{\alpha}{2}) = \Pr[\chi^2 < \chi^2(n-1, 1-\frac{\alpha}{2})]$, $\chi^2 \sim \chi^2(n-1)$ 분포한다.

연습문제 9.5.1 전국학력평가에 응시한 수험생 중에서 자연계 수험생 65명, 인문계 수험생 37명을 임의로 선택하여 수리영역의 점수를 조사하였다. 그 결과 자연계 수험생은 표준편차가 6점이었고 인문계 수험생은 표준편차가 5점이었다. 자연계와 인문계에 응시한 수험생 전체의 수리영역 점수가 각각 정규분포를 이룬다고 가정하고 다음 물음에 답하라.

(1) 자연계 수험생의 모분산에 대한 95% 신뢰구간을 구하라.

(2) 인문계 수험생의 모분산에 대한 95% 신뢰구간을 구하라.

9.6 두 모집단에서의 구간 추정

독립인 두 모집단에서 모평균의 차 $(\mu_X - \mu_Y)$에 대한 점 추정량은 $(\overline{X} - \overline{Y})$, 모비율의 차 $(p_1 - p_2)$에 대한 점 추정량은 $(\widehat{P_1} - \widehat{P_2})$, 그리고 모분산의 비 $\dfrac{\sigma_X^2}{\sigma_Y^2}$에 대한 점 추정량은 $\dfrac{S_X^2}{S_Y^2}$이다. 이들의 분포를 조사하면 정리 9.6.1, 9.6.2와 같다. 그러므로 신뢰도 $100(1-\alpha)\%$의 신뢰구간은 다음과 같다.

(1) 모분산을 알고 있는 경우에서 모평균의 차 $(\mu_X - \mu_Y)$의 신뢰구간은

$$(\overline{X} - \overline{Y}) \pm z(\frac{\alpha}{2}) \cdot \sqrt{\frac{\sigma_X^2}{m} + \frac{\sigma_Y^2}{n}}$$

(2) 모분산을 모르지만 같다고 가정하면 모평균의 차 $(\mu_X - \mu_Y)$의 신뢰구간은

$$(\overline{X} - \overline{Y}) \pm t(m+n-2,\ \frac{\alpha}{2}) \cdot s_p \sqrt{\frac{1}{m} + \frac{1}{n}}$$

여기에서 $s_p = \sqrt{\dfrac{(m-1)s_X^2 + (n-1)s_Y^2}{m+n-2}}$

(3) 모분산을 모르지만 대표본인 경우에서 모평균의 차 $(\mu_X - \mu_Y)$의 신뢰구간은

$$(\overline{X} - \overline{Y}) \pm z(\frac{\alpha}{2}) \cdot \sqrt{\frac{s_X^2}{m} + \frac{s_Y^2}{n}}$$

(4) 모분산의 비 $\dfrac{\sigma_X^2}{\sigma_Y^2}$의 신뢰구간은 다음과 같다.

$$\frac{1}{F(m,n,1-\frac{\alpha}{2})} \cdot \frac{s_X^2}{s_Y^2} < \frac{\sigma_X^2}{\sigma_Y^2} < \frac{1}{F(m,n,\frac{\alpha}{2})} \frac{s_X^2}{s_Y^2}$$

여기에서 $\dfrac{1}{F(n,m,1-\frac{\alpha}{2})} = F(m,n,\frac{\alpha}{2})$와 같다.

정리 9.6.1 두 모집단에서 통계량들의 분포

정규모집단 $X \sim N(\mu_X, \sigma_X^2)$에서 표본크기 m인 확률표본 $X_1, X_2, \cdots, X_m$을 추출하고, 독립인 다른 정규모집단 $Y \sim N(\mu_Y, \sigma_Y^2)$에서 표본크기 n인 확률표본 $Y_1, Y_2, \cdots, Y_n$을 추출하였을 때 분포는 다음과 같다.

(1) 표본평균의 차 $(\overline{X} - \overline{Y})$는 평균이 $(\mu_X - \mu_Y)$, 분산이 $\left(\dfrac{\sigma_X^2}{m} + \dfrac{\sigma_Y^2}{n}\right)$인 정규분포한다. 즉,

$$\overline{X} - \overline{Y} \sim N\left((\mu_X - \mu_Y), \left(\frac{\sigma_X^2}{m} + \frac{\sigma_Y^2}{n}\right)\right)$$

$$Z = \frac{(\overline{X} - \overline{Y}) - (\mu_X - \mu_Y)}{\sqrt{\dfrac{\sigma_X^2}{m} + \dfrac{\sigma_Y^2}{n}}} \sim N(0, 1)$$

(2) 모분산을 모를 경우에는, 모분산이 동일하다고 가정하면 즉, $\sigma_X^2 = \sigma_Y^2$이면, 다음과 같은 공동표본분산을 사용하여 자유도가 $m+n-2$인 $t(m+n-2)$분포를 사용한다. 단, 대표본인 경우에는 위의 (1)에서 σ_X^2, σ_Y^2 대신에 S_X^2, S_Y^2를 사용하여도 표준정규분포를 사용하여도 무방하다.

$$S_p^2 = \frac{(m-1)S_X^2 + (n-1)S_Y^2}{m+n-2} = \frac{\sum_{i=1}^{m}(X_i - \overline{X})^2 + \sum_{i=1}^{n}(Y_i - \overline{Y})^2}{m+n-2}$$

$$T = \frac{(\overline{X} - \overline{Y}) - (\mu_X - \mu_Y)}{S_p\sqrt{\dfrac{1}{m} + \dfrac{1}{n}}} \sim t(m+n-2)$$

(3) 표본분산의 비 $\dfrac{S_X^2}{S_Y^2}$의 분포는 다음과 같다.

$$F = \frac{S_X^2}{S_Y^2} \sim F(m-1, n-1)\text{분포}$$

정리 9.6.2 두 모집단에서 표본비율의 차에 대한 분포

독립인 두 모집단에서 모비율의 차 $(p_1 - p_2)$에 대한 점 추정량은 $(\widehat{P_1} - \widehat{P_2})$의 분포는 다음과 같다.

(1) 점 추정량 $(\widehat{P_1} - \widehat{P_2})$의 평균은 $(p_1 - p_2)$이고, 분산은 $\dfrac{p_1(1-p_1)}{n_1} + \dfrac{p_2(1-p_2)}{n_2}$이다.

(2) 확률분포는 다음과 같다

$$Z = \frac{(\widehat{P_1} - \widehat{P_2}) - (p_1 - p_2)}{\sqrt{\dfrac{p_1(1-p_1)}{n_1} + \dfrac{p_2(1-p_2)}{n_2}}} \sim N(0,1)\ as\ n \to \infty$$

(3) 모비율 p 대신에 표본비율의 추정치 $\hat{p}$을 넣어도 근사적으로 표준정규분포한다.

$$Z = \frac{(\widehat{P_1} - \widehat{P_2}) - (p_1 - p_2)}{\sqrt{\dfrac{\widehat{p_1}(1-\widehat{p_1})}{n_1} + \dfrac{\widehat{p_2}(1-\widehat{p_2})}{n_2}}} \sim N(0,1)\ as\ n \to \infty$$

(5) 모비율의 차 $(p_1 - p_2)$에 대한 신뢰구간은 다음과 같다.

$$(\widehat{P_1} - \widehat{P_2}) \pm z\left(\frac{\alpha}{2}\right) \cdot \sqrt{\frac{\widehat{p_1}(1-\widehat{p_1})}{n_1} + \frac{\widehat{p_2}(1-\widehat{p_2})}{n_2}}$$

예제 9.6.1 어떤 정당에서 새로운 정책에 대한 A, B 지역의 찬성자 수를 조사한 결과이다.

	A 지역	B 지역
찬성자 수	250	360
조사자 수	500	600

A, B 지역의 찬성자 비율을 각각 p_A, p_B라고 했을 때 모비율의 차 $p_A - p_B$의 95% 신뢰구간을 구하라. 그리고 $Z \sim N(0,1)$일 때, $P(|Z| \le 1.96) = 0.95$)이다.

풀이

$$(\hat{p_1}-\hat{p_2})\pm z(0.025)\times\sqrt{\frac{\hat{p_1}(1-\hat{p_1})}{n_1}+\frac{\hat{p_2}(1-\hat{p_2})}{n_2}}$$

$$=(0.5-0.6)\pm 1.96\times\sqrt{\frac{0.5(1-0.5)}{500}+\frac{0.6(1-0.6)}{600}}$$

$$=-0.1\pm 1.96\times\frac{\sqrt{11}}{100}=-0.1\pm 0.0664$$

그러므로 신뢰도 95% 신뢰구간은 $(-0.1664,\ -0.0336)$이다.

연습문제 9.6.2 정규분포 $N(\mu_1,\sigma_1^2)$과 $N(\mu_2,\sigma_2^2)$를 각각 따르는 두 모집단 X, Y가 서로 독립이라 하자. 모집단 X에서 추출된 크기가 n_1인 확률표본의 표본평균을 $\overline{X}$, 모집단 Y에서 추출된 크기가 n_2인 확률표본의 표본평균을 $\overline{Y}$라 하자. 다음 물음에 답하라.

(1) 두 모집단의 모평균이 다를 것으로 생각되어 가설검정을 하고자 한다. 모집단 X에서 표본을 64개 추출했을 때 평균은 90, 표준편차는 8이였고 모집단 Y에서 표본을 36개 추출했을 때 표본평균은 87, 표준편차는 6이었다. 신뢰도 95%에서 모평균의 차 $(\mu_1-\mu_2)$에 대한 신뢰구간을 구하라.

(2) 모집단 X에서 표본을 10개 추출했을 때 평균은 90, 분산은 4이였고 모집단 Y에서 표본을 17개 추출했을 때 평균은 88, 분산은 4이었다. 신뢰도 95%에서 모평균의 차 $(\mu_1-\mu_2)$에 대한 신뢰구간을 구하라.

예제 9.6.3 [2012학년도 1차 기출문제]

정규분포 $N(\mu_1,36)$과 $N(\mu_2,64)$를 각각 따르는 두 모집단 X, Y가 서로 독립이라 하자. 모집단 X에서 추출된 크기가 n인 확률표본의 표본평균을 $\overline{X}$, 모집단 Y에서 추출된 크기가 n인 확률표본의 표본평균을 $\overline{Y}$라 하자. 모집단의 차 $\mu_1-\mu_2$에 대한 95% 신뢰구간의 길이가 4.9일 때, n의 값은? (단, $Z\sim N(0,1)$일 때, $P(|Z|\le 1.96)$이다.)

풀이 두 모집단의 차 $\mu_1-\mu_2$에 대한 95%의 신뢰구간의 길이는

$2\times z\left(\frac{\alpha}{2}\right)\cdot\sqrt{\frac{\sigma_X^2}{n}+\frac{\sigma_Y^2}{n}}=2\times 1.96\times\sqrt{\frac{100}{n}}=4.9$이므로 $n=64$이다.

연습문제 9.6.3 전국학력평가에 응시한 수험생 중에서 자연계 수험생 17명, 인문계 수험생 10명을 임의로 선택하여 수리영역의 점수를 조사하였다. 그 결과 자연계 수험생은 평균이 48점, 표준편차가 5.6점이었고 인문계 수험생을 평균이 42점, 표준편차가 7.5점이었다. 자연계와 인문계에 응시한 수험생 전체의 수리영역 점수가 각각 정규분포를 이룬다고 가정하고 두 집단의 평균 차이에 대한 95% 신뢰구간을 구하라.

연습문제 9.6.4 정리 9.6.1과 정리 9.6.2를 증명하라.

제10장

가설검정

10.1 가설검정

통계적 가설검정은 모집단(population)의 특성치에 대한 가설을 세우고 통계적으로 검정하는 과정인데, 예를 들어서 새로 개발한 신약이 기존의 약에 비해서 효과가 있는지, 중등학교 학생들의 체력이 향상되었는지, 고등학교 남학생들의 몸무게와 키가 증가하였는지, 사전 선거여론조사에서 A후보자의 지지율이 B후보자보다 높은지 등을 판단하기 위하여 가설검정을 하게 된다. 일반적으로 앞 장에서 다루었던 추정보다도 가설검정이 더 많이 사용되고 있다.

확률표본의 함수인 검정통계량(test statistic)을 사용하여 모수 θ에 대한 가설검정을 하고자 한다. 가설검정의 과정은 일반적으로 다음의 네 가지 단계를 따르게 된다.

(1단계) 가설 (귀무가설, 대립가설)

(2단계) 검정통계량의 값을 계산

(3단계) 유의수준과 기각역 또는 유의확률을 계산

(4단계) 기각여부를 판단

기본개념 10.1.1 통계적 가설(statistical hypothesis)

분포에 관한 주장이나 추측을 통계적 가설이라고 한다. 만약 가설이 분포를 완전히 결정하면 단순가설(simple hypothesis)이라 하고, 그렇지 못한 경우를 복합가설(composite hypothesis)이라고 한다. 가설은 귀무가설(null hypothesis : H_0)과 대립가설(alternative hypothesis : H_1)로 구분하고, 귀무가설을 기각하면 대립가설을 채택하게 된다.

예를 들어서, 중학교 3학년 남학생들의 몸무게는 평균이 μ이고 분산이 $\sigma^2 = 25$인 정규분포한다. 지금까지 알려진 평균 몸무게는 $\mu = 50$인데, 식생활 개선으로 몸무게가 늘었다는 주장을 하고자 한다면 우리는 다음과 같은 가설을 세우게 된다.

가설은 $\begin{cases} H_0 : \mu = 50 \\ H_1 : \mu > 50 \end{cases}$ 이고, 이때 귀무가설에서의 $\mu = 50$은 정규분포 $N(50, 25)$를 완전히 결정하므로 단순가설이고, 대립가설의 $\mu > 50$은 정규분포를 완전히 결정하지 못하므로 복합가설이다. 그리고 이 경우에는 $\mu = 50$을 기준으로 큰 쪽만 고려하므로 상단단측대립가설이라 하고, 만약에 대립가설이 $H_1 : \mu \neq 50$인 경우에는 양쪽 범위를 고려하므로 양측대립가설이라 한다.

> **기본개념 10.1.2 제 1종, 2종의 오류(type I, II error), 유의수준(significanse level)**
>
> 제1종의 오류는 귀무가설이 참인데도 불구하고 귀무가설을 기각하는 오류이고, 제 2종의 오류는 귀무가설이 거짓인데도 불구하고 귀무가설을 기각하지 않는 오류이다. 유의수준은 제1종의 오류를 범할 확률 중에서 가장 큰 값으로 보통 $\alpha = 0.1, 0.05, 0.01$ 즉 10%, 5%, 1%로 정한다.

통계적 가설검정에서는 항상 제1종의 오류와 제2종의 오류가 일어나는데, 제1종의 오류를 줄이고자 하면 제2종의 오류가 늘어나게 된다. 그래서 명확하지 않으면 귀무가설을 기각하지 않도록 하기 위하여 제1종의 오류를 범할 확률인 유의수준을 보통 10%, 5%, 1%로 정하고 가설검정을 하게 된다. 유의수준 5%에서 귀무가설을 기각한다는 것은 귀무가설이 참인데도 불구하고 귀무가설을 기각하는 잘못을 범할 확률이 최대 5% 정도 된다는 것을 의미한다. 또한 귀무가설을 기각하지 않는다는 것은 추출한 표본의 정보만으로는 귀무가설이 참이 아니라고 하기는 부족하다는 의미이다. 그리고 통계적 가설검정이 유의하다(significant)는 것은 주어진 유의수준하에서 귀무가설을 기각하고 대립가설을 받아들인다는 것이다.

[그림 10.1.1] 제1, 2종의 오류와 검정통계량

귀무가설에 대한 판정과 오류

검정결과	실제	
	H_0가 참	H_0가 거짓
채택	옳은 결정 확률 = $1-\alpha$	제2종 오류 확률 = β(β 위험)
기각	제1종 오류 확률 = α(유의수준)	옳은 결정 확률 = $1-\beta$(검정력)

$$\text{검정통계량} = \frac{\text{표본 통계량} - \text{귀무가설에서 설정된 모수값}}{\text{표본 통계량의 표준오차}}$$

그렇다면 어떤 경우에 우리는 귀무가설을 기각할 수 있을까? 결론적으로 이야기한다면 검정통계량의 값이 기각역에 속하면 귀무가설을 기각한다.

기본개념 10.1.3 기각역(critical region or rejection region)

주어진 유의수준(α)에서 귀무가설을 기각하는 검정통계량의 값의 영역을 기각역이라 한다.

$$\alpha = \Pr[u(X_1, X_2, \cdots, X_n) \in C_r \mid H_0] \text{이고 } C_r = \{(x_1, x_2, \cdots, x_n) \mid H_0\text{를 기각}\}$$

예제 10.1.1 가설 $\begin{cases} H_0 : \mu = 50 \\ H_1 : \mu > 50 \end{cases}$을 검정하는 판정기준으로 표본평균 $\overline{X}$의 값이 크면 귀무가설을 기각하기로 하자. 이제 표본을 $n = 25$ 추출하였다면, $\overline{X}$는 정규분포 $N(\mu, 25)$하므로 유의수준을 5%에서 기각역은 다음과 같이 구할 수 있다.

$$\begin{aligned} 0.05 &= \Pr[\overline{X} > c \mid H_0 : \mu = 50] \\ &= \Pr\left[\frac{\overline{X} - 50}{5/\sqrt{25}} > \frac{c - 50}{5/\sqrt{25}}\right] = \Pr\left[Z > \frac{c - 50}{5/\sqrt{25}}\right] \end{aligned}$$

표준정규분포표에서 $\dfrac{c - 50}{5/\sqrt{25}} = 1.645$ 이므로 $c = 51.645$가 된다.

즉, 기각역은 $C_r = \{(x_1, x_2, \cdots, x_n) \mid \overline{x} > 51.645\}$이다. 우리는 표본평균의 값을 구해서 그 값이 51.645보다 크면 유의수준 5%에서 귀무가설을 기각하고 대립가설을 받아들이게 되고, 학생들의 몸무게는 기존의 50보다는 늘었다고 주장할 수 있게 된다. 그리고 이런 결론을 내리는 것이 잘못될 확률이 5% 정도 된다는 것이다.

기본개념 10.1.4 검정력(power)

대립가설이 참일 때 귀무가설을 기각할 확률을 검정력이라고 한다.
검정력 $1 - \beta = \Pr[u(X_1, X_2, \cdots, X_n) \in C_r \mid H_1]$, 여기에서 C_r은 기각역이다.

검정력 $1 - \beta$에서 β는 제2종의 오류를 범할 확률과 같다. 즉 검정력이 높다는 것은 제2종의 오류를 범할 가능성이 낮다는 것을 의미하므로 좋은 검정이라고 할 수 있다.

예제 10.1.2 앞의 예제에서 $\mu = 51.645,\ 52,\ 53,\ 54$인 경우에는 귀무가설이 거짓이고 대립가설이 참이다. 그러면 각각의 경우에서 검정력을 구해보기로 하자.

(1) $\mu = 51.645$인 경우에는 다음과 같이 검정력이 0.5가 된다.

$$1-\beta = \Pr[\overline{X} > 51.645 \mid \mu = 51.645]$$

$$= \Pr[\frac{\overline{X}-51.645}{5/\sqrt{25}} > \frac{51.645-51.645}{5/\sqrt{25}}]$$

$$= \Pr[Z > 0] = 0.5$$

(2) $\mu = 52$인 경우에는 다음과 같이 검정력이 약 0.6368이 된다.

$$1-\beta = \Pr[\overline{X} > 51.645 \mid \mu = 52]$$

$$= \Pr[\frac{\overline{X}-52}{5/\sqrt{25}} > \frac{51.645-52}{5/\sqrt{25}}]$$

$$= \Pr[Z > -0.355] \fallingdotseq 0.6368$$

(3) $\mu = 53$인 경우에는 다음과 같이 검정력이 약 0.9115가 된다.

$$1-\beta = \Pr[\overline{X} > 51.645 \mid \mu = 53]$$

$$= \Pr[\frac{\overline{X}-53}{5/\sqrt{25}} > \frac{51.645-53}{5/\sqrt{25}}]$$

$$= \Pr[Z > -1.355] \fallingdotseq 0.9115$$

(4) $\mu = 54$인 경우에 마찬가지 방법으로 구하면 검정력이 약 0.9906이 된다.

마지막으로 유의확률(p값)에 대해서 알아보기로 하자. 유의확률은 귀무가설을 기각하기 위한 최소의 유의수준이라고도 한다.

예제 10.1.3 위의 예제에서 $\overline{x} = 51, 52$인 경우의 유의확률은 다음과 같이 구할 수 있다.

(1) $\overline{x} = 51$인 경우에서 유의확률은 다음과 같이 $p = 0.1587$이고, 유의수준 0.1보다 크므로 유의수준 10%에서도 귀무가설을 기각할 수 없다.

$$p-value = \Pr[\overline{X} > 51 \mid H_0 : \mu = 50] = \Pr[\frac{\overline{X}-50}{5/\sqrt{25}} > \frac{51-50}{5/\sqrt{25}}]$$

$$= \Pr[Z > 1] = 0.1587$$

(2) $\overline{x} = 52$인 경우에서 유의확률은 다음과 같이 $p = 0.0228$이고, 유의수준 0.05보다 작으므

로 유의수준 5%에서 귀무가설을 기각할 수 있다, 그러나 유의수준 1%에서는 기각할 수 없다.

$$p-value = \Pr[\overline{X} > 52 \mid H_0 : \mu = 50] = \Pr[\frac{\overline{X}-50}{5/\sqrt{25}} > \frac{52-50}{5/\sqrt{25}}]$$

$$= \Pr[Z > 2] = 0.0228$$

통계적 가설검정은 가설, 검정통계량, 기각역, 유의수준 또는 유의확률을 결정하는 것인데 일반적으로 검정력이 높을수록을 좋은 검정이므로 가장 검정력이 높은 검정방법을 찾는 것이 좋다. 그래서 수리통계학에는 균일최강력검정(uniformly most powerful test)을 구하는 방법과 우도비검정방법 등을 다룬다. 그러나 여기에서는 다루지 않는다.

10.2 모평균의 가설검정

모평균에 대한 가설검정의 가설은 일반적으로 다음과 같다.

귀무가설	H0 :	$\mu = \mu_0$ (모평균은 μ_0이다)
양측 대립가설	H1 :	$\mu \neq \mu_0$ (모평균은 μ_0가 아니다)
단측 대립가설	H1 : H1 :	$\mu > \mu_0$ (모평균은 μ_0보다 크다) $\mu < \mu_0$ (모평균은 μ_0보다 작다)

검정통계량은 표본평균 $\overline{X}$의 분포에 따라 다음과 같은 검정통계량을 사용하게 된다.

(1) 모집단이 정규분포 $N(\mu, \sigma^2)$하고 모분산의 값 $\sigma^2 = \sigma_0^2$을 알고 있는 경우:

귀무가설 $H_0 : \mu = \mu_0$ 가 참이면, 표본평균의 $\overline{X}$는 정규분포 $N(\mu_0, \sigma_0^2)$이므로,

검정통계량은 $Z_0 = \dfrac{\overline{X} - \mu_0}{\sigma_0 / \sqrt{n}} \sim N(0, 1)$를 사용한다.

(2) 모집단이 정규분포 $N(\mu, \sigma^2)$하고 모분산의 값 σ^2을 모를 경우:

모분산의 값 σ^2을 모르므로 표본분산 S^2을 대신하면 $T = \dfrac{\overline{X} - \mu}{S / \sqrt{n}} \sim t(n-1)$가 되고

귀무가설 $H_0 : \mu = \mu_0$가 참이면,

검정통계량은 $T_0 = \dfrac{\overline{X} - \mu_0}{S / \sqrt{n}} \sim t(n-1)$를 사용한다.

(3) 대표본 즉 표본크기 n이 크면 다음과 같이 표준정규분포를 사용하여도 무방하다.

검정통계량은 $Z_0 = \dfrac{\overline{X} - \mu_0}{S / \sqrt{n}} \sim N(0, 1)$를 사용한다.

양측검정인 경우는 귀무가설의 모평균 값 $\mu = \mu_0$보다 표본평균의 값이 크거나 작은 경우에는 귀무가설을 기각하고, 하단 단측인 경우에는 작은 경우, 그리고 상단 단측인 경우에

는 큰 경우에 귀무가설을 기각한다. 이 검정 규칙은 균일최강력검정을 구한 결과이지만, 우리가 직관적으로 생각해도 그렇게 하는 것이 합리적임을 알 수 있다. 따라서 유의수준 α에서 기각역은 검정통계량의 분포와 가설에 따라 다음의 그림과 같다.

[그림 10.2.1] 정규분포의 기각역, 경우 (1)과 (3)인 경우

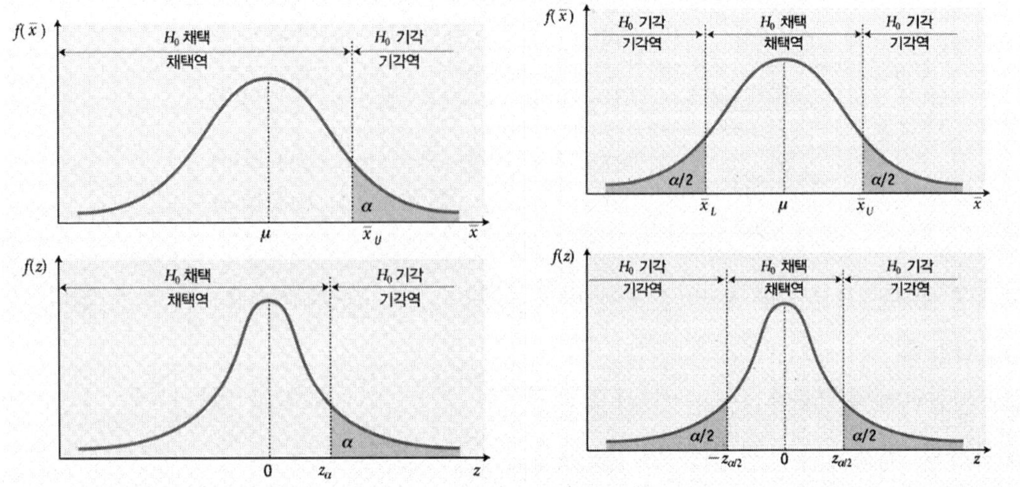

$\overline{X}$의 표본분포 및 z분포와 기각역: 단측검정 $\overline{X}$의 표본분포 및 z분포와 기각역: 양측검정

[그림 10.2.2] t-분포의 기각역, 경우 (2)인 경우

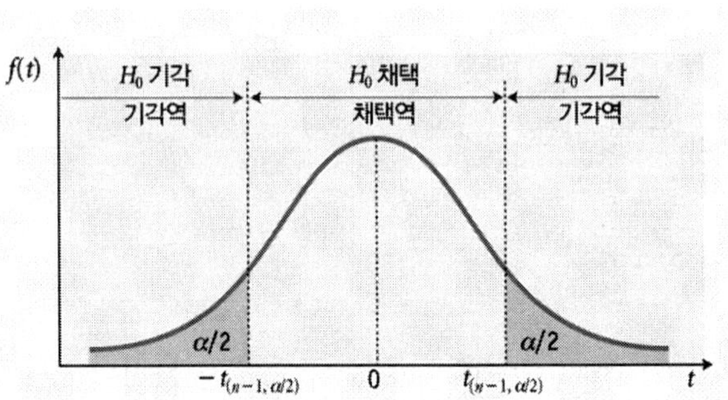

t-분포와 기각역: 양측검정

그러므로 모평균의 가설검정을 요약하면 다음의 <표 10.2.1>과 같다.

〈표 10.2.1 〉 모평균의 가설검정

가설	귀무가설	$H_0 : \mu = \mu_0$	$H_0 : \mu = \mu_0$	$H_0 : \mu = \mu_0$
	대립가설	$H_1 : \mu \neq \mu_0$	$H_1 : \mu < \mu_0$	$H_1 : \mu > \mu_0$
검정통계량		(1)인 경우 : $Z_0 = \dfrac{\overline{X} - \mu_0}{\sigma_0 / \sqrt{n}}$ (2)인 경우 : $T_0 = \dfrac{\overline{X} - \mu_0}{S / \sqrt{n}}$ (3)인 경우 : $Z_0 = \dfrac{\overline{X} - \mu_0}{S / \sqrt{n}}$		
기각역, 유의수준 α	(1)	$\lvert Z_0 \rvert \geq z_{\alpha/2}$	$Z_0 \leq -z_\alpha$	$Z_0 \geq z_\alpha$
	(2)	$\lvert T_0 \rvert \geq t_{\alpha/2}(n-1)$	$T_0 \leq -t_\alpha(n-1)$	$T_0 \geq t_\alpha(n-1)$
	(3)	$\lvert Z_0 \rvert \geq z_{\alpha/2}$	$Z_0 \leq -z_\alpha$	$Z_0 \geq z_\alpha$
p-값	(1)	$2P[Z \geq \lvert z_0 \rvert]$	$P[Z \leq z_0]$	$P[Z \geq z_0]$
	(2)	$2P[T \geq \lvert t_0 \rvert]$	$P[T \leq t_0]$	$P[T \geq t_0]$
	(3)	$2P[Z \geq \lvert z_0 \rvert]$	$P[Z \leq z_0]$	$P[Z \geq z_0]$
		양측검정	하단 단측검정	상단 단측검정

예제 10.2.1 [2010학년도 임용기출 문제]

과거 조사에 의하면 어느 지역의 초등하교 5학년 학생들의 신장은 평균 141.0cm이었다. 줄넘기 운동이 또래 아이들의 신장 발육에 도움이 되는지를 알아보고자 체육 활동에서 이 운동을 적극 권장하여 실시하여 왔다. 이 운동을 꾸준하게 실시한 또래 아이들 중 임의로 추출한 81명의 신장을 조사한 결과 평균 142.2cm, 표준편차 6.0cm이었다. 줄넘기 운동이 아이들의 신장 발육에 도움이 된다고 할 수 있는지를 유의수준 $\alpha = 0.05$로 다음 단계와 같이 검정할 때, (가), (나), (다)에 알맞은 것은? (단, 이 지역 아이들의 과거와 현재의 생활 환경과 영양 섭취 등은 같고 아이들의 신장은 정규분포를 따른다고 가정한다.

<1단계> 가설검정

귀무가설 H_0에 대한 대립가설 H_1: ______(가)______

<2단계> 검정통계량과 분포

표본의 크기가 $n=81$로 충분히 크므로 귀무가설 H_0가 참이라는 가정하에서 검정통계량

$Z=\dfrac{\overline{X}-\mu}{S/\sqrt{n}}$는 표준정규분포 $N(0,1)$에 근사한다.

(단, $\overline{X}$는 표본평균, μ는 모평균, S는 표본표준편차이다.)

<3단계> 유의수준 $\alpha=0.05$에 대한 기각역은 ______(나)______

<4단계> 검정통계량의 관측값을 구한다.

<5단계> 결론

검정통계량의 관측값을 기각역과 비교한 결과 줄넘기 운동이 신장 발육에 ______(다)______

※ 참고: $Z\sim N(0,1)$일 때, $P(|Z|\le 1.645)=0.90$, $P(|Z|\le 1.96)=0.95$이다.

	(가)	(나)	(다)
①	$\mu>141.0$	$Z\ge 1.645$	도움이 된다고 할 수 있다.
②	$\mu>141.0$	$Z\ge 1.96$	도움이 된다고 할 수 있다.
③	$\mu>141.0$	$\lvert Z\rvert\ge 1.96$	도움이 된다는 충분한 증거가 없다.
④	$\mu>142.2$	$Z\ge 1.96$	도움이 된다는 충분한 증거가 없다.
⑤	$\mu>142.2$	$Z\ge 1.645$	도움이 된다는 충분한 증거가 없다.

풀이 모분산 σ^2이 알려지지 않았지만 표본의 크기 $n=81(>30)$이므로 표본표준편차 $S=6.0$을 이용하여 정규분포 검정을 한다.

<1단계> 가설 귀무가설 $H_0:\mu=141.0$, 대립가설 $H_1:\mu>141.0$

<2단계> 검정통계량 $Z=\dfrac{\overline{X}-\mu_0}{\dfrac{S}{\sqrt{n}}}=\dfrac{142.2-141.0}{\dfrac{6}{\sqrt{81}}}=\dfrac{3.6}{2}=1.8$

<3단계> 유의수준 $\alpha=0.05$

<4단계> 기각역 $z_\alpha=z_{0.05}=1.645$이므로 $Z=1.8>z_\alpha=1.645$이다.

<5단계> 결론 $Z > z_\alpha$이므로 H_0는 기각된다. 즉, H_1이 채택된다. 따라서 줄넘기 운동이 아이들의 신장 발육에 도움이 된다고 할 수 있다.

정답 : ①

예제 10.2.2 [1993학년도 교원임용고사 기출문제]

정규분포를 따르고 분산이 16인 모집단에서 크기가 64인 표본을 임의추출하여 조사한 결과 표본평균이 6.085이었다. 이때, 가설 : "모평균은 5이다."를 기각하기 위한 최소의 유의수준을 구하라.

[표준정규분포표]

z	1.88	1.96	2.17	2.24	2.58
$P(0 \le Z \le z)$	0.4700	0.4750	0.4850	0.4875	0.4950

풀이 모집단이 정규분포하고 모분산 $\sigma^2 = 16$을 알고 있는 경우이므로 정규분포 검정을 한다(경우 (1)). 그리고 구하고자 하는 유의확률은 다음과 같이 $p-value = 0.03$이다.

$$2P[Z \ge |z_0|] = 2\Pr[Z \ge \left| \frac{6.085-5}{4/\sqrt{64}} \right|]$$

$$= 2\Pr[Z \ge 2.17] = 2(0.5 - 0.4850)$$

$$= 0.03$$

그리고 유의수준 $\alpha = 0.05$ 보다 작으므로 유의수준 5%에서 귀무가설을 기각한다.

연습문제 10.2.3 전국학력평가에 응시한 수험생 중에서 자연계 수험생 64명, 인문계 수험생 9명을 임의로 선택하여 수리영역의 점수를 조사하였다. 그 결과 자연계 수험생은 평균이 48점, 편차가 5.6점이었고 인문계 수험생을 평균이 42점, 표준편차가 7.5점이었다. 자연계와 인문계에 응시한 수험생 전체의 수리영역 점수가 각각 정규분포를 이룬다고 가정하고 두 집단의 평균점수를 추정하려고 한다. 다음 물음에 답하라.

(1) 자연계 수험생 전체의 수리영역 평균점수가 50점보다 크다고 할 수 있는지 유의수준 5%와 1%에서 가설검정하라.

(2) 인문계 수험생 전체의 수리영역 평균점수가 48점보다 크다고 할 수 있는지 유의수준 5%와 1%에서 가설검정하라.

[표준정규분포표 $(P(0 \le Z \le z))$]

z	0.05	0.06
1.6	.4505	.4515
1.7	.4599	.4608
1.8	.4678	.4686
1.9	.4744	.4750

[t-분포표 $P(t \ge t_0) = \alpha$]

α 자유도	0.05	0.025
7	1.895	2.365
8	1.860	2.306
9	1.833	2.262
10	1.812	2.228

예제 10.2.4 정규분포 $N(\mu_1, \sigma_1^2)$를 따르는 모집단 X에서 추출된 크기가 n인 확률표본의 표본평균을 $\overline{X}$라 하자. 다음 물음에 답하라.

(1) 모집단 X의 분산은 $\sigma_1^2 = 9$라고 알고 있고, 표본을 9개 추출했을 때 평균이 90이고 표준편차가 4라면 이 경우의 모평균이 92라고 할 수 있는지 유의수준 5%에서 가설검정하라.

(2) 모집단 X에서 16개의 표본을 추출하였더니 평균이 90이고 표준편차가 4였다. 평균이 92보다 작은지에 대해서 유의수준 5%, 1%에서 각각 가설검정하라.

10.3 모비율의 가설검정

모비율에 대한 가설검정의 가설은 일반적으로 다음과 같다.

귀무가설	H_0 :	$p = p_0$ (모비율은 p_0 이다)
양측 대립가설	H_1 :	$p \neq p_0$(모비율은 p_0가 아니다)
단측 대립가설	H_1 :	$p < p_0$(모비율은 p_0보다 작다)
	H_1 :	$p > p_0$(모비율은 p_0보다 크다)

검정통계량은 표본비율 $\widehat{P}$ 의 분포를 이용하여 다음과 같으므로 검정통계량을 사용하게 된다. 귀무가설 $H_0 : p = p_0$가 참이면,

$$\text{검정통계량은 } Z_0 = \frac{\widehat{P} - p_0}{\sqrt{\dfrac{p_0(1-p_0)}{n}}} \sim N(0,1)$$

를 사용한다. 그러므로 모비율의 가설검정을 요약하면 다음의 <표 10.3.1>과 같다.

〈표 10.3.1〉 모비율의 가설검정

가설	귀무가설	$H_0 : p = p_0$	$H_0 : p = p_0$	$H_0 : p = p_0$
	대립가설	$H_1 : p \neq p_0$	$H_1 : p < p_0$	$H_1 : p > p_0$
검정통계량		$Z_0 = \dfrac{\hat{p} - p_0}{\sqrt{p_0(1-p_0)/n}}$		
기각역 (유의수준)	10%	$\lvert Z_0 \rvert \geq 1.645$	$Z_0 \leq -1.28$	$Z_0 \geq 1.28$
	5%	$\lvert Z_0 \rvert \geq 1.96$	$Z_0 \leq -1.645$	$Z_0 \geq 1.645$
	1%	$\lvert Z_0 \rvert \geq 2.58$	$Z_0 \leq -1.96$	$Z_0 \geq 1.96$
p-값		$2P[Z \geq \lvert z_0 \rvert]$	$P[Z \leq z_0]$	$P[Z \geq z_0]$
		양측검정	하단 단측검정	상단 단측검정

예제 10.3.1 어떤 정당에서 새로운 정책에 대한 A, B 지역의 찬성자 수를 조사한 결과가 다음과 같다.

	A 지역	B 지역
찬성자 수	250	360
조사자 수	500	600

(1) A 지역의 찬성자 비율이 55%라고 할 수 있는지에 대하여 1%에서 가설검정하라. (단, $Z \sim N(0,1)$일 때, $P(|Z| \le 1.96) = 0.95, P(|Z| \le 2.58) = 0.99$).

풀이

가설 $\begin{cases} H_0 : p = 0.55 \\ H_1 : p \neq 0.55 \end{cases}$

검정통계량의 값

$$Z_0 = \frac{\hat{P} - p_0}{\sqrt{\dfrac{p_0(1-p_0)}{n}}} = \frac{0.5 - 0.55}{\sqrt{\dfrac{0.55(1-0.55)}{500}}} = -2.27,\ |z_0| = 2.27 \text{이다.}$$

유의수준 5%에서 기각역은 $|Z_0| \ge 1.96$이고, 1%에서 기각역은 $|Z_0| \ge 2.58$이므로 유의수준 5%에서는 기각되지만 1%에서는 기각할 수 없다.

(2) B 지역의 찬성자 비율이 50%보다 크다고 할 수 있는가? 유의수준 5%에서 가설검정하라.

풀이

가설 $\begin{cases} H_0 : p = 0.5 \\ H_1 : p > 0.5 \end{cases}$

검정통계량의 값

$$Z_0 = \frac{\hat{P} - p_0}{\sqrt{\dfrac{p_0(1-p_0)}{n}}} = \frac{0.6 - 0.5}{\sqrt{\dfrac{0.5(1-0.5)}{600}}} = 5, \quad z_0 = 5 \text{이다.}$$

유의수준 5%에서 기각역은 $Z_0 \ge 1.645$이고, $z_0 = 5 \ge 1.645 = z_{0.05}$가 되므로 기각할 수 있다. 즉, 50%보다 크다고 할 수 있다.

연습문제 10.3.2 사전 선거여론조사에서 어떤 후보자의 지지율을 조사하였다.

(1) A지역에서 400명을 조사하였는데 지지율이 45%가 되었다. 후보자의 지지율이 50%가 된다고 할 수 있는지 유의수준 5%에서 가설검정하라.

(2) B지역에서 500명을 조사하였는데 지지율이 45%가 되었다. 후보자의 지지율이 50%가 된다고 할 수 있는지 유의수준 5%에서 가설검정하라.

(3) C 지역에서 100명을 조사하였는데 지지율이 45%가 되었다. 후보자의 지지율이 50%가 된다고 할 수 있는지 유의수준 5%에서 가설검정하라.

(4) D 지역에서 1000명을 조사하였는데 지지율이 45%가 되었다. 후보자의 지지율이 과반수가 된다고 할 수 있는지 유의수준 5%에서 가설검정하라.

(5) E 지역에서 1000명을 조사하였는데 지지율이 47%가 되었다. 후보자의 지지율이 과반수가 안 된다고 할 수 있는지 유의수준 10%, 5%, 1%에서 가설검정하라.

10.4 두 모집단의 가설검정

독립인 두 모집단에서 모평균의 차 $(\mu_X - \mu_Y)$에 대한 검정통계량은 $(\overline{X} - \overline{Y})$, 모비율의 차 $(p_1 - p_2)$에 대한 검정통계량은 $(\widehat{P}_1 - \widehat{P}_2)$이다. 이들의 분포는 정리 9.6.1, 9.6.2를 참조하기 바란다.

정규모집단 $X \sim N(\mu_1, \sigma_1^2)$에서 표본크기 m인 확률표본 $X_1, X_2, \cdots, X_m$을 추출하고, 독립인 다른 정규모집단 $Y \sim N(\mu_2, \sigma_2^2)$에서 표본크기 n인 확률표본 $Y_1, Y_2, \cdots, Y_n$을 추출하여 두 모집단의 평균이 차이가 있는지 가설검정하는 방법은 다음과 같다. 가설은 다음과 같다.

귀무가설	H_0 :	$\mu_1 = \mu_2$ (모평균은 같다.)
양측 대립가설	H_1 :	$\mu_1 \neq \mu_2$ (모평균은 다르다)
단측 대립가설	H_1 : H_1 :	$\mu_1 > \mu_2$ (모평균 μ_1이 μ_2보다 크다) $\mu_1 < \mu_2$ (모평균 μ_1이 μ_2보다 작다)

(1) 독립인 두 모집단이 정규분포하고 모분산의 값 σ_1^2, σ_2^2을 알고 있는 경우:

귀무가설 $H_0 : \mu_1 = \mu_2$가 참이면,

검정통계량은 $Z_0 = \dfrac{(\overline{X} - \overline{Y}) - 0}{\sqrt{\dfrac{\sigma_1^2}{m} + \dfrac{\sigma_2^2}{n}}} \sim N(0, 1)$이다.

(2) 독립인 두 모집단이 정규분포하고 모분산의 값 σ_1^2, σ_2^2를 모를 경우:

모분산을 모를 경우에는, 모분산이 동일하다고 가정할 수 있으면 $(\sigma_1^2 = \sigma_2^2)$, 공동표본분산을 사용한 검정통계량의 분포는 귀무가설 $H_0 : \mu_1 = \mu_2$가 참이면,

검정통계량은 $T_0 = \dfrac{(\overline{X} - \overline{Y}) - 0}{S_p\sqrt{\dfrac{1}{m} + \dfrac{1}{n}}} \sim t\ (m + n - 2)$이다.

$$S_p^2 = \frac{(m-1)S_X^2 + (n-1)S_Y^2}{m+n-2} = \frac{\sum_{i=1}^{m}(X_i - \overline{X})^2 + \sum_{i=1}^{n}(Y_i - \overline{Y})^2}{m+n-2}$$

(3) 대표본 즉 표본크기 m, n이 크면 표준정규분포를 사용하여도 무방하다.

귀무가설 $H_0 : \mu_1 = \mu_2$가 참이면, 검정통계량은 $Z_0 = \dfrac{(\overline{X} - \overline{Y}) - 0}{\sqrt{\dfrac{S_1^2}{m} + \dfrac{S_2^2}{n}}} \sim N(0, 1)$이다.

그러므로 독립인 두 모집단의 모평균에 대한 가설검정은 <표 10.4.1>과 같다.

〈표 10.4.1〉 모평균치 차에 대한 가설검정

가설	귀무가설	$H_0 : \mu_1 = \mu_2$	$H_0 : \mu_1 = \mu_2$	$H_0 : \mu_1 = \mu_2$
	대립가설	$H_1 : \mu_1 \neq \mu_2$	$H_1 : \mu_1 < \mu_2$	$H_1 : \mu_1 > \mu_2$
검정통계량		(1) $Z_0 = \dfrac{(\overline{X} - \overline{Y}) - 0}{\sqrt{\dfrac{\sigma_1^2}{m} + \dfrac{\sigma_2^2}{n}}}$ (2) $T_0 = \dfrac{(\overline{X} - \overline{Y}) - 0}{S_p\sqrt{\dfrac{1}{m} + \dfrac{1}{n}}}, S_p^2 = \dfrac{(m-1)S_X^2 + (n-1)S_Y^2}{m+n-2}$ (3) $Z_0 = (\overline{X} - \overline{Y}) / \sqrt{\dfrac{S_1^2}{m} + \dfrac{S_2^2}{n}}$		
기각역, 유의수준 α	(1)	$\lvert Z_0 \rvert \geq z_{\alpha/2}$	$Z_0 \leq -z_\alpha$	$Z_0 \geq z_\alpha$
	(2)	$\lvert T_0 \rvert \geq t_{\alpha/2}(m+n-1$	$T_0 \leq -t_\alpha(m+n-$	$T_0 \geq t_\alpha(m+n-1$
	(3)	$\lvert Z_0 \rvert \geq z_{\alpha/2}$	$Z_0 \leq -z_\alpha$	$Z_0 \geq z_\alpha$
p-값	(1)	$2P[Z \geq \lvert z_0 \rvert]$	$P[Z \leq z_0]$	$P[Z \geq z_0]$
	(2)	$2P[T \geq \lvert t_0 \rvert]$	$P[T \leq t_0]$	$P[T \geq t_0]$
	(3)	$2P[Z \geq \lvert z_0 \rvert]$	$P[Z \leq z_0]$	$P[Z \geq z_0]$
		양측검정	하단 단측검정	상단 단측검성

독립인 두 모집단에서 모비율의 차 $(p_1 - p_2)$에 대한 검정통계량은 $(\widehat{P}_1 - \widehat{P}_2)$의 분포를 사용하여 다음과 같이 가설검정하게 된다. 모비율의 차에 대한 가설검정의 가설은 일반적으로 다음과 같다.

귀무가설	H_0 :	$p_1 = p_2$ (두 모비율이 같다)
양측 대립가설	H_1 :	$p_1 \neq p_2$(두 모비율은 다르다)
단측 대립가설	H_1 : H_1 :	$p_1 < p_2$(모비율 p_1이 p_2보다 작다) $p_1 > p_2$(모비율 p_1이 p_2보다 크다)

두 모집단의 표본비율 $\widehat{P}_1, \widehat{P}_2$의 분포를 이용하여, 귀무가설 $H_0 : p_1 = p_2$가 참이면,

검정통계량은 $Z = \dfrac{(\widehat{P}_1 - \widehat{P}_2) - (0)}{\sqrt{\widehat{P}(1-\widehat{P})}\sqrt{\dfrac{1}{n_1} + \dfrac{1}{n_2}}} \sim N(0,1)\ as\ n \to \infty$ 사용한다.

여기에서 공동표본비율 $\widehat{P} = \dfrac{(n_1 - 1)\widehat{P}_1 + (n_2 - 1)\widehat{P}_2}{n_1 + n_2 - 2}$ 이다.

그러므로 모비율의 가설검정을 요약하면 다음의 <표 10.4.2>와 같다.

〈표 10.4.2〉 모비율의 차에 대한 가설검정

가설		$H_0 : p_1 = p_2$	$H_0 : p_1 = p_2$	$H_0 : p_1 = p_2$
가설	귀무가설	$H_0 : p_1 = p_2$	$H_0 : p_1 = p_2$	$H_0 : p_1 = p_2$
	대립가설	$H_1 : p_1 \neq p_2$	$H_1 : p_1 < p_2$	$H_1 : p_1 > p_2$
검정통계량		$Z_0 = \dfrac{(\widehat{P}_1 - \widehat{P}_2) - (0)}{\sqrt{\widehat{P}(1-\widehat{P})}\sqrt{\dfrac{1}{n_1} + \dfrac{1}{n_2}}}$, $\widehat{P} = \dfrac{(n_1 - 1)\widehat{P}_1 + (n_2 - 1)\widehat{P}_2}{n_1 + n_2 - 2}$		
기각역 (유의수준)	10%	$\lvert Z_0 \rvert \geq 1.645$	$Z_0 \leq -1.28$	$Z_0 \geq 1.28$
	5%	$\lvert Z_0 \rvert \geq 1.96$	$Z_0 \leq -1.645$	$Z_0 \geq 1.645$
	1%	$\lvert Z_0 \rvert \geq 2.58$	$Z_0 \leq -1.96$	$Z_0 \geq 1.96$
p-값		$2P[Z \geq \lvert z_0 \rvert]$	$P[Z \leq z_0]$	$P[Z \geq z_0]$
		양측검정	하단 단측검정	상단 단측검정

예제 10.4.1 정규분포 $N(\mu_1, \sigma_1^2)$과 $N(\mu_2, \sigma_2^2)$를 각각 따르는 두 모집단 X, Y가 서로 독립이라 하자. 모집단 X에서 추출된 크기가 n_1인 확률표본의 표본평균을 $\overline{X}$, 모집

단 Y에서 추출된 크기가 n_2인 확률표본의 표본평균을 $\overline{Y}$라 하자. 다음 물음에 답하라.

(1) 두 모집단의 모평균이 다를 것으로 생각되어 가설검정을 하고자 한다. 모집단 X에서 표본을 64개 추출했을 때 평균은 90, 표준편차는 8이었고, 모집단 Y에서 표본을 36개 추출했을 때 표본평균은 87, 표준편차는 6이었다. 유의수준 5%에서 가설검정을 하라. 또 유의수준 1%에서는 어떠한가?

풀이

가설: $\begin{cases} H_0 : \mu_1 = \mu_2 \\ H_1 : \mu_1 \neq \mu_2 \end{cases}$,

검정통계량값 : $Z = \dfrac{90-87}{\sqrt{\dfrac{8^2}{64}+\dfrac{6^2}{36}}} = \dfrac{3}{1.414} = 1.5 \times 1.414 = 2.121$

기각역 : 유의수준 5%에서 기각역은 $|Z| > 1.96$이므로 H_0를 기각할 수 있다.

즉, 유의수준 5%에서는 모평균이 다르다고 할 수 있다.

유의수준 1%에서 기각역은 $|Z| > 2.58$이므로 H_0를 기각할 수 없다.

즉, 유의수준 1%에서는 모평균이 다르다고 할 수 없다.

(2) 모집단 X의 분산은 $\sigma_1^2 = 9$라고 알고 있고, 표본을 9개 추출했을 때 평균이 90이고 표준편차가 4라면 이 경우의 모평균에 대한 95% 신뢰구간을 구하라.

풀이

$\bar{x} \pm z(0.025) \times \dfrac{\sigma}{\sqrt{n}} = 90 \pm 1.96 \times \dfrac{3}{\sqrt{9}} = 90 \pm 1.96$,

그러므로 95% 신뢰구간은 (88.04, 91.96)이다.

(3) 모집단 X에서 16개의 표본을 추출하였더니 평균이 90이고 표준편차가 4 였다. 평균이 92보다 작은지에 대해서 유의수준 5%로 검정하라.

풀이

가설: $\begin{cases} H_0 : \mu_1 = 92 \\ H_1 : \mu_1 < 92 \end{cases}$

검정통계량값 : $T = \dfrac{\overline{x} - \mu_0}{\dfrac{s}{\sqrt{n}}} = \dfrac{90-92}{\dfrac{4}{\sqrt{16}}} = -2$

유의수준 5%에서 기각역은 $T < t(n-1, 0.05) = -1.75$ 이므로 H_0를 기각할 수 있다.

즉, 유의수준 5%에서는 평균이 92보다 작다고 할 수 있다.

(4) 모집단 X에서 표본을 10개 추출했을 때 평균은 90, 분산은 4이였고 모집단 Y에서 표본을 17개 추출했을 때 평균은 88, 분산은 4이었다. 두 모평균은 다르다고 볼 수 있는지 유의수준 5%와 1%에서 검정하라.

풀이

가설: $\begin{cases} H_0 : \mu_1 = \mu_2 \\ H_1 : \mu_1 \neq \mu_2 \end{cases}$,

검정통계량값 : $T = \dfrac{\overline{x} - \overline{y}}{\sqrt{\dfrac{(n_1-1)s_1^2 + (n_2-1)s_2^2}{n_1+n_2-2_p}}\sqrt{\dfrac{1}{n_1}+\dfrac{1}{n_2}}}$

$$= \frac{90-88}{\sqrt{\dfrac{9\times 4 + 16\times 4}{10+17-2}}\sqrt{\dfrac{1}{10}+\dfrac{1}{17}}} = \frac{2}{2\times 0.4} = 2.5$$

기각역 : 유의수준 5%에서 기각역은 $|T| > 2.06$ 이므로 H_0를 기각할 수 있다.

즉, 유의수준 5%에서는 모평균이 다르다고 할 수 있다.

유의수준 1%에서 기각역은 $|T| > 2.79$ 이므로 H_0를 기각할 수 없다.

즉, 유의수준 1%에서는 모평균이 다르다고 할 수 없다.

(5) 모집단 Y의 분산은 $\sigma^2 = 4$ 이다. 모평균 μ_2의 95% 신뢰구간의 길이가 1.96 이하가 되도록 하려면 표본을 몇 개 이상 추출해야 하는가?

풀이

신뢰구간의 길이 : $2\times 1.96 \times \dfrac{\sigma}{\sqrt{n}} = 2\times 1.96\times \dfrac{2}{\sqrt{n}}$ 이므로, $2\times 1.96\times \dfrac{2}{\sqrt{n}} \leq 1.96$을 계산하면 $n \geq 16$ 이다.

예제 10.4.2 어떤 정당에서 새로운 정책에 대한 A, B 지역의 찬성자 수를 조사한 결과가 다음과 같다.

	A 지역	B 지역
찬성자 수	250	360
조사자 수	500	600

(1) A 지역의 찬성자 비율에 대한 95.4% 신뢰구간을 구하라(단, 소수 넷째자리에서 반올림하라. 그리고 $Z \sim N(0,1)$일 때, $P(|Z| \leq 2) = 0.954$).

풀이

$$\hat{p} \pm z(0.023) \times \sqrt{\frac{\hat{p}(1-\hat{p})}{n}} = 0.5 \pm 2 \times \sqrt{\frac{0.25}{500}}$$

$$= 0.5 \pm 2 \times \sqrt{\frac{5}{10000}}$$

$$= 0.5 \pm 2 \times 0.02236 \fallingdotseq 0.5 \pm 0.045$$

그러므로 95.4% 신뢰구간은 $(0.455, 0.545)$이다.

(2) A, B 지역의 찬성자 비율을 각각 p_A, p_B라고 했을 때 모비율의 차 $p_A - p_B$의 95.4% 신뢰구간을 구하라.

풀이

$$(\hat{p_1} - \hat{p_2}) \pm z(0.023) \times \sqrt{\frac{\hat{p_1}(1-\hat{p_1})}{n_1} + \frac{\hat{p_2}(1-\hat{p_2})}{n_2}}$$

$$= (0.5 - 0.6) \pm 2 \times \sqrt{\frac{0.5(1-0.5)}{500} + \frac{0.6(1-0.6)}{600}}$$

$$= -0.1 \pm 1.96 \times \frac{\sqrt{11}}{100} = -0.1 \pm 0.0664$$

그러므로 95.4% 신뢰구간은 $(-0.1664, -0.0336)$이다.

(3) B 지역이 A 지역보다 찬성자 비율이 더 높은지 유의수준 5%에서 검정하라.

풀이

가설: $\begin{cases} H_0 : p_1 = p_2 \\ H_1 : p_1 < p_2 \end{cases}$,

검정통계량:

$$Z=\frac{(\hat{p_1}-\hat{p_2})}{\sqrt{\hat{p}(1-\hat{p})}\sqrt{\frac{1}{n_1}+\frac{1}{n_2}}}=\frac{(0.5-0.6)}{\sqrt{\frac{61}{110}(1-\frac{61}{110})}\sqrt{\frac{1}{500}+\frac{1}{600}}}=-3.33$$

기각역: $-z(.05)=-1.65>-3.33=Z$이므로 귀무가설을 기각한다.

결론: 유의수준 5%에서 B 지역이 A 지역보다 찬성자 비율이 더 높다고 할 수 있다.

부표

[1] 이항 누적분포함수
[2] 포아송 누적분포함수
[3] 표준정규분포—오른쪽 꼬리 확률
[4] 카이제곱분포—오른쪽 꼬리 확률
[5] 스튜던트 t-분포—오른쪽 꼬리 확률
[6] F 분포—오른쪽 꼬리 확률

[1] 이항 누적분포함수

$$B(x\,;\,n,p)=\sum_{k=0}^{x}\binom{n}{k}p^{k}(1-p)^{n-k}$$

n	x	0.05	0.10	0.15	0.20	0.25	0.30	0.35	0.40	0.45
1	0	0.9500	0.9000	0.8500	0.8000	0.7500	0.7000	0.6500	0.6000	0.5500
2	0	0.9025	0.8100	0.7225	0.6400	0.5625	0.4900	0.4225	0.3600	0.3025
	1	0.9975	0.9900	0.9775	0.9600	0.9375	0.9100	0.8775	0.8400	0.7975
3	0	0.8574	0.7290	0.6141	0.5120	0.4219	0.3430	0.2746	0.2160	0.1664
	1	0.9928	0.9720	0.9393	0.8960	0.8438	0.7840	0.7182	0.6480	0.5748
	2	0.9999	0.9990	0.9967	0.9920	0.9844	0.9730	0.9571	0.9360	0.9089

n	x	0.50	0.55	0.60	0.65	0.70	0.75	0.80	0.85	0.90	0.95
1	0	0.5000	0.4500	0.4000	0.3500	0.3000	0.2500	0.2000	0.1500	0.1000	0.0500
2	0	0.2500	0.2025	0.1600	0.1225	0.0900	0.0625	0.0400	0.0225	0.0100	0.0025
	1	0.7500	0.6975	0.6400	0.5775	0.5100	0.4375	0.3600	0.2775	0.1900	0.0975
3	0	0.1250	0.0911	0.0640	0.0429	0.0270	0.0156	0.0080	0.0034	0.0010	0.0001
	1	0.5000	0.4252	0.3520	0.2818	0.2160	0.1406	0.1040	0.0608	0.0280	0.0072
	2	0.8750	0.8336	0.7840	0.7254	0.6570	0.5625	0.4880	0.3859	0.2710	0.1426

		p								
n	x	0.05	0.10	0.15	0.20	0.25	0.30	0.35	0.40	0.45
4	0	0.8145	0.6561	0.5220	0.4096	0.3164	0.2401	0.1785	0.1296	0.0915
	1	0.9860	0.9477	0.8905	0.8192	0.7383	0.6517	0.5630	0.4752	0.3910
	2	0.9995	0.9963	0.9880	0.9728	0.9492	0.9163	0.8735	0.8208	0.7585
	3	1.0000	0.9999	0.9995	0.9984	0.9961	0.9919	0.9850	0.9744	0.9590
5	0	0.7738	0.5905	0.4437	0.3277	0.2373	0.1681	0.1160	0.0778	0.0503
	1	0.9774	0.9185	0.8352	0.7373	0.6328	0.5282	0.4284	0.3370	0.2562
	2	0.9988	0.9914	0.9734	0.9421	0.8965	0.8369	0.7648	0.6826	0.5931
	3	1.0000	0.9995	0.9978	0.9933	0.9844	0.9692	0.9460	0.9130	0.8688
	4	1.0000	1.0000	0.9999	0.9997	0.9990	0.9976	0.9947	0.9898	0.9815
6	0	0.7351	0.5314	0.3771	0.2621	0.1780	0.1176	0.0754	0.0467	0.0277
	1	0.9672	0.8857	0.7765	0.6554	0.5339	0.4202	0.3191	0.2333	0.1636
	2	0.9978	0.9842	0.9527	0.9011	0.8306	0.7443	0.6471	0.5443	0.4415
	3	0.9999	0.9987	0.9941	0.9830	0.9624	0.9295	0.8826	0.8208	0.7447
	4	1.0000	0.9999	0.9996	0.9984	0.9954	0.9891	0.9777	0.9590	0.9308
	5	1.0000	1.0000	1.0000	0.9999	0.9998	0.9993	0.9982	0.9959	0.9917
7	0	0.6983	0.4783	0.3206	0.2097	0.1335	0.0824	0.0490	0.0280	0.0152
	1	0.9556	0.8503	0.7166	0.5767	0.4449	0.3294	0.2338	0.1586	0.1024
	2	0.9962	0.9743	0.9262	0.8520	0.7564	0.6471	0.5323	0.4199	0.3164
	3	0.9998	0.9973	0.9879	0.9667	0.9294	0.8740	0.8002	0.7102	0.6083
	4	1.0000	0.9998	0.9988	0.9953	0.9871	0.9712	0.9444	0.9037	0.8471
	5	1.0000	1.0000	0.9999	0.9996	0.9987	0.9962	0.9910	0.9812	0.9643
	6	1.0000	1.0000	1.0000	1.0000	0.9999	0.9998	0.9994	0.9984	0.9963

		p									
n	x	0.50	0.55	0.60	0.65	0.70	0.75	0.80	0.85	0.90	0.95
4	0	0.0625	0.0410	0.0256	0.0150	0.0081	0.0039	0.0016	0.0005	0.0001	0.0000
	1	0.3125	0.2415	0.1792	0.1265	0.0837	0.0508	0.0272	0.0120	0.0037	0.0005
	2	0.6875	0.6090	0.5248	0.4370	0.3483	0.2617	0.1808	0.1095	0.0523	0.0140
	3	0.9375	0.9085	0.8704	0.8215	0.7599	0.6836	0.5904	0.4780	0.3439	0.1855
5	0	0.0312	0.0185	0.0102	0.0053	0.0024	0.0010	0.0003	0.0001	0.0000	0.0000
	1	0.1875	0.1312	0.0870	0.0540	0.0308	0.0156	0.0067	0.0022	0.0005	0.0000
	2	0.5000	0.4069	0.3174	0.2352	0.1631	0.1035	0.0579	0.0266	0.0086	0.0012
	3	0.8125	0.7438	0.6630	0.5716	0.4718	0.3672	0.2627	0.1648	0.0815	0.0226
	4	0.9688	0.9497	0.9222	0.8840	0.8319	0.7627	0.6723	0.5563	0.4095	0.2262
6	0	0.0156	0.0083	0.0041	0.0018	0.0007	0.0002	0.0001	0.0000	0.0000	0.0000
	1	0.1094	0.0692	0.0410	0.0223	0.0109	0.0046	0.0016	0.0004	0.0001	0.0000
	2	0.3438	0.2553	0.1792	0.1174	0.0705	0.0376	0.0170	0.0059	0.0013	0.0001
	3	0.6562	0.5585	0.4557	0.3529	0.2557	0.1694	0.0989	0.0473	0.0158	0.0022
	4	0.8906	0.8364	0.7667	0.6809	0.5798	0.4661	0.3446	0.2235	0.1143	0.0328
	5	0.9844	0.9723	0.9533	0.9246	0.8824	0.8220	0.7379	0.6229	0.4686	0.2649
7	0	0.0078	0.0037	0.0016	0.0006	0.0002	0.0001	0.0000	0.0000	0.0000	0.0000
	1	0.0625	0.0357	0.0188	0.0090	0.0038	0.0013	0.0004	0.0001	0.0000	0.0000
	2	0.2266	0.1529	0.0963	0.0556	0.0288	0.0129	0.0047	0.0012	0.0002	0.0000
	3	0.5000	0.3917	0.2898	0.1998	0.1260	0.0706	0.0333	0.0121	0.0027	0.0002
	4	0.7734	0.6836	0.5801	0.4677	0.3529	0.2436	0.1480	0.0738	0.0257	0.0038
	5	0.9375	0.8976	0.8414	0.7662	0.6706	0.5551	0.4233	0.2834	0.1497	0.0444
	6	0.9922	0.9848	0.9720	0.9510	0.9176	0.8665	0.7903	0.6794	0.5217	0.3017

		p								
n	x	0.05	0.10	0.15	0.20	0.25	0.30	0.35	0.40	0.45
8	0	0.6634	0.4305	0.2725	0.1678	0.1001	0.0576	0.0319	0.0168	0.0084
	1	0.9428	0.8131	0.6572	0.5033	0.3671	0.2553	0.1691	0.1064	0.0632
	2	0.9942	0.9619	0.8948	0.7969	0.6785	0.5518	0.4278	0.3154	0.2201
	3	0.9996	0.9950	0.9786	0.9437	0.8862	0.8059	0.7064	0.5941	0.4770
	4	1.0000	0.9996	0.9971	0.9896	0.9727	0.9420	0.8939	0.8263	0.7396
	5	1.0000	1.0000	0.9998	0.9988	0.9958	0.9887	0.9747	0.9502	0.9115
	6	1.0000	1.0000	1.0000	0.9999	0.9996	0.9987	0.9964	0.9915	0.9819
	7	1.0000	1.0000	1.0000	1.0000	1.0000	0.9999	0.9998	0.9993	0.9983
9	0	0.6302	0.3874	0.2316	0.1342	0.0751	0.0404	0.0207	0.0101	0.0046
	1	0.9288	0.7748	0.5995	0.4362	0.3003	0.1960	0.1211	0.0705	0.0385
	2	0.9916	0.9470	0.8591	0.7382	0.6007	0.4628	0.3373	0.2318	0.1495
	3	0.9994	0.9917	0.9661	0.9144	0.8343	0.7297	0.6089	0.4826	0.3614
	4	1.0000	0.9991	0.9944	0.9804	0.9511	0.9012	0.8283	0.7334	0.6214
	5	1.0000	0.9999	0.9994	0.9969	0.9900	0.9747	0.9464	0.9006	0.8342
	6	1.0000	1.0000	1.0000	0.9997	0.9987	0.9957	0.9888	0.9750	0.9502
	7	1.0000	1.0000	1.0000	1.0000	0.9999	0.9996	0.9986	0.9962	0.9909
	8	1.0000	1.0000	1.0000	1.0000	1.0000	1.0000	0.9999	0.9997	0.9992
10	0	0.5987	0.3487	0.1969	0.1074	0.0563	0.0282	0.0135	0.0060	0.0025
	1	0.9139	0.7361	0.5443	0.3758	0.2440	0.1493	0.0860	0.0464	0.0233
	2	0.9885	0.9298	0.8202	0.6778	0.5256	0.3828	0.2616	0.1673	0.0996
	3	0.9990	0.9872	0.9500	0.8791	0.7759	0.6496	0.5138	0.3823	0.2660
	4	0.9999	0.9984	0.9901	0.9672	0.9219	0.8497	0.7515	0.6331	0.5044
	5	1.0000	0.9999	0.9986	0.9936	0.9803	0.9527	0.9051	0.8338	0.7384
	6	1.0000	1.0000	0.9999	0.9991	0.9965	0.9894	0.9740	0.9452	0.8980
	7	1.0000	1.0000	1.0000	0.9999	0.9996	0.9984	0.9952	0.9877	0.9726
	8	1.0000	1.0000	1.0000	1.0000	1.0000	0.9999	0.9995	0.9983	0.9955
	9	1.0000	1.0000	1.0000	1.0000	1.0000	1.0000	1.0000	0.9999	0.9997

n	x	p = 0.50	0.55	0.60	0.65	0.70	0.75	0.80	0.85	0.90	0.95
8	0	0.0039	0.0017	0.0007	0.0002	0.0001	0.0000	0.0000	0.0000	0.0000	0.0000
	1	0.0352	0.0181	0.0085	0.0036	0.0013	0.0004	0.0001	0.0000	0.0000	0.0000
	2	0.1445	0.0885	0.0498	0.0253	0.0113	0.0042	0.0012	0.0002	0.0000	0.0000
	3	0.3633	0.2604	0.1737	0.1061	0.0580	0.0273	0.0104	0.0029	0.0004	0.0000
	4	0.6367	0.5230	0.4059	0.2936	0.1941	0.1138	0.0563	0.0214	0.0050	0.0004
	5	0.8555	0.7799	0.6846	0.5722	0.4482	0.3215	0.2031	0.1052	0.0381	0.0058
	6	0.9648	0.9368	0.8936	0.8309	0.7447	0.6329	0.4967	0.3428	0.1869	0.0572
	7	0.9961	0.9916	0.9832	0.9681	0.9424	0.8999	0.8322	0.7275	0.5695	0.3366
9	0	0.0020	0.0008	0.0003	0.0001	0.0000	0.0000	0.0000	0.0000	0.0000	0.0000
	1	0.0195	0.0091	0.0038	0.0014	0.0004	0.0001	0.0000	0.0000	0.0000	0.0000
	2	0.0898	0.0498	0.0250	0.0112	0.0043	0.0013	0.0003	0.0000	0.0000	0.0000
	3	0.2539	0.1658	0.0994	0.0536	0.0253	0.0100	0.0031	0.0006	0.0001	0.0000
	4	0.5000	0.3786	0.2666	0.1717	0.0988	0.0489	0.0196	0.0056	0.0009	0.0000
	5	0.7461	0.6386	0.5174	0.3911	0.2703	0.1657	0.0856	0.0339	0.0083	0.0006
	6	0.9102	0.8505	0.7682	0.6627	0.5372	0.3993	0.2618	0.1409	0.0530	0.0084
	7	0.9805	0.9615	0.9295	0.8789	0.8040	0.6997	0.5638	0.4005	0.2252	0.0712
	8	0.9980	0.9954	0.9899	0.9793	0.9596	0.9249	0.8658	0.7684	0.6126	0.3698
10	0	0.0010	0.0003	0.0001	0.0000	0.0000	0.0000	0.0000	0.0000	0.0000	0.0000
	1	0.0107	0.0045	0.0017	0.0005	0.0001	0.0000	0.0000	0.0000	0.0000	0.0000
	2	0.0547	0.0274	0.0123	0.0048	0.0016	0.0004	0.0001	0.0000	0.0000	0.0000
	3	0.1719	0.1020	0.0548	0.0260	0.0106	0.0035	0.0009	0.0001	0.0000	0.0000
	4	0.3770	0.2616	0.1662	0.0949	0.0473	0.0197	0.0064	0.0014	0.0001	0.0000
	5	0.6230	0.4956	0.3669	0.2485	0.1503	0.0781	0.0328	0.0099	0.0016	0.0001
	6	0.8281	0.7340	0.6177	0.4862	0.3504	0.2241	0.1209	0.0500	0.0128	0.0010
	7	0.9453	0.9004	0.8327	0.7384	0.6172	0.4474	0.3222	0.1798	0.0702	0.0115
	8	0.9893	0.9767	0.9536	0.9140	0.8507	0.7560	0.6242	0.4557	0.2639	0.0861
	9	0.9990	0.9975	0.9940	0.9865	0.9718	0.9437	0.8926	0.8031	0.6513	0.4013

n	x	0.05	0.10	0.15	0.20	0.25	0.30	0.35	0.40	0.45
15	0	0.4633	0.2059	0.0874	0.0352	0.0134	0.0047	0.0016	0.0005	0.0001
	1	0.8290	0.5490	0.3186	0.1671	0.0802	0.0353	0.0142	0.0052	0.0017
	2	0.9638	0.8159	0.6042	0.3980	0.2361	0.1268	0.0617	0.0271	0.0107
	3	0.9945	0.9444	0.8227	0.6482	0.4613	0.2969	0.1727	0.0905	0.0424
	4	0.9994	0.9873	0.9383	0.8358	0.6865	0.5155	0.3519	0.2173	0.1204
	5	0.9999	0.9978	0.9832	0.9389	0.8516	0.7216	0.5643	0.4032	0.2608
	6	1.0000	0.9997	0.9964	0.9819	0.9434	0.8689	0.7548	0.6098	0.4522
	7	1.0000	1.0000	0.9994	0.9958	0.9827	0.9500	0.8868	0.7869	0.6535
	8	1.0000	1.0000	0.9999	0.9992	0.9958	0.9848	0.9578	0.9050	0.8182
	9	1.0000	1.0000	1.0000	0.9999	0.9992	0.9963	0.9876	0.9662	0.9231
	10	1.0000	1.0000	1.0000	1.0000	0.9999	0.9993	0.9972	0.9907	0.9745
	11	1.0000	1.0000	1.0000	1.0000	1.0000	0.9999	0.9995	0.9981	0.9937
	12	1.0000	1.0000	1.0000	1.0000	1.0000	1.0000	0.9999	0.9997	0.9989
	13	1.0000	1.0000	1.0000	1.0000	1.0000	1.0000	1.0000	1.0000	0.9999
	14	1.0000	1.0000	1.0000	1.0000	1.0000	1.0000	1.0000	1.0000	1.0000
20	0	0.3585	0.1216	0.0388	0.0115	0.0032	0.0008	0.0002	0.0000	0.0000
	1	0.7358	0.3917	0.1756	0.0692	0.0243	0.0076	0.0021	0.0005	0.0001
	2	0.9245	0.6769	0.4049	0.2061	0.0913	0.0355	0.0121	0.0036	0.0009
	3	0.9841	0.8670	0.6477	0.4114	0.2252	0.1071	0.0444	0.0160	0.0049
	4	0.9974	0.9568	0.8298	0.6296	0.4148	0.2375	0.1182	0.0510	0.0189
	5	0.9997	0.9887	0.9327	0.8042	0.6172	0.4164	0.2454	0.1256	0.0553
	6	1.0000	0.9976	0.9781	0.9133	0.7858	0.6080	0.4166	0.2500	0.1299
	7	1.0000	0.9996	0.9941	0.9679	0.8982	0.7723	0.6010	0.4159	0.2520
	8	1.0000	0.9999	0.9987	0.9900	0.9591	0.8867	0.7624	0.5956	0.4143
	9	1.0000	1.0000	0.9998	0.9974	0.9861	0.9520	0.8782	0.7553	0.5914
	10	1.0000	1.0000	1.0000	0.9994	0.9961	0.9829	0.9468	0.8725	0.7507
	11	1.0000	1.0000	1.0000	0.9999	0.9991	0.9949	0.9804	0.9435	0.8692
	12	1.0000	1.0000	1.0000	1.0000	0.9998	0.9987	0.9940	0.9790	0.9420
	13	1.0000	1.0000	1.0000	1.0000	1.0000	0.9997	0.9985	0.9935	0.9786
	14	1.0000	1.0000	1.0000	1.0000	1.0000	1.0000	0.9997	0.9984	0.9936
	15	1.0000	1.0000	1.0000	1.0000	1.0000	1.0000	1.0000	0.9997	0.9985
	16	1.0000	1.0000	1.0000	1.0000	1.0000	1.0000	1.0000	1.0000	0.9997
	17	1.0000	1.0000	1.0000	1.0000	1.0000	1.0000	1.0000	1.0000	1.0000
	18	1.0000	1.0000	1.0000	1.0000	1.0000	1.0000	1.0000	1.0000	1.0000
	19	1.0000	1.0000	1.0000	1.0000	1.0000	1.0000	1.0000	1.0000	1.0000
	20	1.0000	1.0000	1.0000	1.0000	1.0000	1.0000	1.0000	1.0000	1.0000

		p									
n	x	0.50	0.55	0.60	0.65	0.70	0.75	0.80	0.85	0.90	0.95
15	0	0.0000	0.0000	0.0000	0.0000	0.0000	0.0000	0.0000	0.0000	0.0000	0.0000
	1	0.0005	0.0001	0.0000	0.0000	0.0000	0.0000	0.0000	0.0000	0.0000	0.0000
	2	0.0037	0.0011	0.0003	0.0001	0.0000	0.0000	0.0000	0.0000	0.0000	0.0000
	3	0.0176	0.0063	0.0019	0.0005	0.0001	0.0000	0.0000	0.0000	0.0000	0.0000
	4	0.0592	0.0255	0.0093	0.0028	0.0007	0.0001	0.0000	0.0000	0.0000	0.0000
	5	0.1509	0.0769	0.0338	0.0124	0.0037	0.0008	0.0001	0.0000	0.0000	0.0000
	6	0.3036	0.1818	0.0950	0.0422	0.0152	0.0042	0.0008	0.0001	0.0000	0.0000
	7	0.5000	0.3465	0.2131	0.1132	0.0500	0.0173	0.0042	0.0006	0.0000	0.0000
	8	0.6964	0.5478	0.3902	0.2452	0.1311	0.0566	0.0181	0.0036	0.0003	0.0000
	9	0.8491	0.7392	0.5968	0.4357	0.2784	0.1484	0.0611	0.0168	0.0022	0.0001
	10	0.9408	0.8796	0.7827	0.6481	0.4845	0.3135	0.1642	0.0617	0.0127	0.0006
	11	0.9824	0.9576	0.9095	0.8273	0.7031	0.5387	0.3518	0.1773	0.0556	0.0055
	12	0.9963	0.9893	0.9729	0.9383	0.8732	0.7639	0.6020	0.3958	0.1841	0.0362
	13	0.9995	0.9983	0.9948	0.9858	0.9647	0.9198	0.8329	0.6814	0.4510	0.1710
	14	1.0000	0.9999	0.9995	0.9984	0.9953	0.9866	0.9648	0.9126	0.7941	0.5367
		1.0000	1.0000	1.0000	1.0000	1.0000	1.0000	1.0000	1.0000	1.0000	1.0000
20	0	0.0000	0.0000	0.0000	0.0000	0.0000	0.0000	0.0000	0.0000	0.0000	0.0000
	1	0.0000	0.0000	0.0000	0.0000	0.0000	0.0000	0.0000	0.0000	0.0000	0.0000
	2	0.0002	0.0000	0.0000	0.0000	0.0000	0.0000	0.0000	0.0000	0.0000	0.0000
	3	0.0013	0.0003	0.0000	0.0000	0.0000	0.0000	0.0000	0.0000	0.0000	0.0000
	4	0.0059	0.0015	0.0003	0.0000	0.0000	0.0000	0.0000	0.0000	0.0000	0.0000
	5	0.0207	0.0064	0.0016	0.0003	0.0000	0.0000	0.0000	0.0000	0.0000	0.0000
	6	0.0577	0.0214	0.0065	0.0015	0.0003	0.0000	0.0000	0.0000	0.0000	0.0000
	7	0.1316	0.0580	0.0210	0.0060	0.0013	0.0002	0.0000	0.0000	0.0000	0.0000
	8	0.2517	0.1308	0.0565	0.0196	0.0051	0.0009	0.0001	0.0000	0.0000	0.0000
	9	0.4119	0.2493	0.1275	0.0532	0.0171	0.0039	0.0006	0.0000	0.0000	0.0000
	10	0.5881	0.4086	0.2447	0.1218	0.0480	0.0139	0.0026	0.0002	0.0000	0.0000
	11	0.7483	0.5857	0.4044	0.2376	0.1133	0.0409	0.0100	0.0013	0.0001	0.0000
	12	0.8684	0.7480	0.5841	0.3990	0.2277	0.1018	0.0321	0.0059	0.0004	0.0000
	13	0.9423	0.8701	0.7500	0.5834	0.3920	0.2142	0.0867	0.0219	0.0024	0.0000
	14	0.9793	0.9447	0.8744	0.7546	0.5836	0.3828	0.1958	0.0673	0.0113	0.0003
	15	0.9941	0.9811	0.9490	0.8818	0.7625	0.5852	0.3704	0.1702	0.0432	0.0026
	16	0.9987	0.9951	0.9840	0.9556	0.8929	0.7748	0.5886	0.3523	0.1330	0.0159
	17	0.9998	0.9991	0.9964	0.9879	0.9645	0.9087	0.7939	0.5951	0.3231	0.0755
	18	1.0000	0.9999	0.9995	0.9979	0.9924	0.9757	0.9308	0.8244	0.6083	0.2642
	19	1.0000	1.0000	1.0000	0.9998	0.9992	0.9968	0.9885	0.9612	0.8784	0.6415
	20	1.0000	1.0000	1.0000	1.0000	1.0000	1.0000	1.0000	1.0000	1.0000	1.0000

[2] 포아송 누적분포함수

$$F(x\,;\mu)=\sum_{k=0}^{x}\frac{e^{-\mu}\mu^{k}}{k!}$$

x	μ = 0.1	0.2	0.3	0.4	0.5	0.6	0.7	0.8	0.9	1.0
0	0.9048	0.8187	0.7408	0.6730	0.6065	0.5488	0.4966	0.4493	0.4066	0.3679
1	0.9953	0.9825	0.9631	0.9384	0.9098	0.8781	0.8442	0.8088	0.7725	0.7358
2	0.9998	0.9989	0.9964	0.9921	0.9856	0.9769	0.9659	0.9526	0.9371	0.9197
3	1.0000	0.9999	0.9997	0.9992	0.9982	0.9966	0.9942	0.9909	0.9865	0.9810
4		1.0000	1.0000	0.9999	0.9998	0.9996	0.9992	0.9986	0.9977	0.9963
5				1.0000	1.0000	1.0000	0.9999	0.9998	0.0997	0.9994
6							1.0000	1.0000	1.0000	0.9999

x	μ = 2.0	3.0	4.0	5.0	6.0	7.0	8.0	9.0	10.0	15.0
0	0.1353	0.0498	0.0183	0.0067	0.0025	0.0009	0.0003	0.0001	0.0000	
1	0.4060	0.1991	0.0916	0.0404	0.0174	0.0073	0.0030	0.0012	0.0005	
2	0.6767	0.4232	0.2381	0.1247	0.0620	0.0296	0.0138	0.0062	0.0028	0.0000
3	0.8571	0.6472	0.4335	0.2650	0.1512	0.0818	0.0424	0.0212	0.0103	0.0002
4	0.9473	0.8153	0.6288	0.4405	0.2851	0.1730	0.0996	0.0550	0.0293	0.0009
5	0.9834	0.9161	0.7851	0.6160	0.4457	0.3007	0.1912	0.1157	0.0671	0.0028
6	0.9955	0.9665	0.8893	0.7622	0.6063	0.4497	0.3134	0.2068	0.1301	0.0076
7	0.9989	0.9881	0.9489	0.8666	0.7440	0.5987	0.4530	0.3239	0.2202	0.0180
8	0.9998	0.9962	0.9786	0.9319	0.8472	0.7291	0.5925	0.4557	0.3328	0.0374
9	1.0000	0.9989	0.9919	0.9682	0.9161	0.8305	0.7166	0.5874	0.4579	0.0699
10		0.9997	0.9972	0.9863	0.9574	0.9015	0.8159	0.7060	0.5830	0.1185
11		0.9999	0.9991	0.9945	0.9799	0.9466	0.8881	0.8030	0.6968	0.1848
12		1.0000	0.9997	0.9980	0.9912	0.9730	0.9362	0.8758	0.7916	0.2676
13			0.9999	0.9993	0.9964	0.9872	0.9658	0.9261	0.8645	0.3632
14			1.0000	0.9998	0.9986	0.9943	0.9827	0.9585	0.9165	0.4657
15				0.9999	0.9995	0.9976	0.9918	0.9780	0.9513	0.5681
16				1.0000	0.9998	0.9990	0.9963	0.9889	0.9730	0.6641
17					0.9999	0.9996	0.9984	0.9947	0.9857	0.7489
18					1.0000	0.9999	0.9994	0.9976	0.9928	0.8195
19						1.0000	0.9997	0.9989	0.9965	0.8752
20							0.9999	0.9996	0.9984	0.9170
21							1.0000	0.9998	0.9993	0.9469
22								0.9999	0.9997	0.9673
23								1.0000	0.9999	0.9805
24									1.0000	0.9888
25										0.9938
26										0.9967
27										0.9983
28										0.9991
29										0.9996
30										0.9998
31										0.9999
32										1.0000

[3] 표준정규분포—오른쪽 꼬리 확률

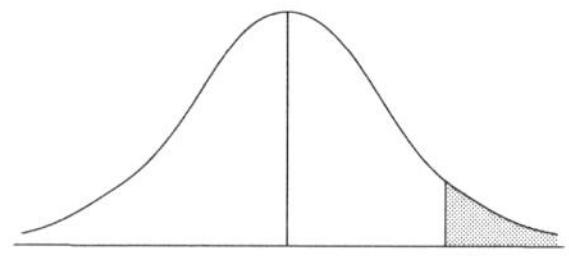

z	0.00	0.01	0.02	0.03	0.04	0.05	0.06	0.07	0.08	0.09
0.0	0.5000	0.4960	0.4920	0.4880	0.4840	0.4801	0.4761	0.4721	0.4681	0.4641
0.1	0.4602	0.4562	0.4522	0.4483	0.4443	0.4404	0.4364	0.4325	0.4286	0.4247
0.2	0.4207	0.4168	0.4129	0.4090	0.4052	0.4013	0.3974	0.3936	0.3897	0.3859
0.3	0.3821	0.3783	0.3745	0.3707	0.3669	0.3632	0.3594	0.3557	0.3520	0.3483
0.4	0.3446	0.3409	0.3372	0.3336	0.3300	0.3264	0.3228	0.3192	0.3156	0.3121
0.5	0.3085	0.3050	0.3015	0.2981	0.2946	0.2912	0.2877	0.2843	0.2810	0.2776
0.6	0.2743	0.2709	0.2676	0.2643	0.2611	0.2578	0.2546	0.2514	0.2483	0.2451
0.7	0.2420	0.2389	0.2358	0.2327	0.2296	0.2266	0.2236	0.2206	0.2177	0.2148
0.8	0.2119	0.2090	0.2061	0.2033	0.2005	0.1977	0.1949	0.1922	0.1894	0.1867
0.9	0.1841	0.1814	0.1788	0.1762	0.1736	0.1711	0.1685	0.1660	0.1635	0.1611
1.0	0.1587	0.1562	0.1539	0.1515	0.1492	0.1469	0.1446	0.1423	0.1401	0.1379
1.1	0.1357	0.1335	0.1314	0.1292	0.1271	0.1251	0.1230	0.1210	0.1190	0.1170
1.2	0.1151	0.1131	0.1112	0.1093	0.1075	0.1056	0.1038	0.1020	0.1003	0.0985
1.3	0.0968	0.0951	0.0934	0.0918	0.0901	0.0885	0.0869	0.0853	0.0838	0.0823
1.4	0.0808	0.0793	0.0778	0.0764	0.0749	0.0735	0.0721	0.0708	0.0694	0.0681
1.5	0.0668	0.0655	0.0643	0.0630	0.0618	0.0606	0.0594	0.0582	0.0571	0.0559
1.6	0.0548	0.0537	0.0526	0.0516	0.0505	0.0495	0.0485	0.0475	0.0465	0.0455
1.7	0.0446	0.0436	0.0427	0.0418	0.0409	0.0401	0.0392	0.0384	0.0375	0.0367
1.8	0.0359	0.0351	0.0344	0.0336	0.0329	0.0322	0.0314	0.0307	0.0301	0.0294
1.9	0.0287	0.0281	0.0274	0.0268	0.0262	0.0256	0.0250	0.0244	0.0239	0.0233
2.0	0.0228	0.0222	0.0217	0.0212	0.0207	0.0202	0.0197	0.0192	0.0188	0.0183
2.1	0.0179	0.0174	0.0170	0.0166	0.0162	0.0158	0.0154	0.0150	0.0146	0.0143
2.2	0.0139	0.0136	0.0132	0.0129	0.0125	0.0122	0.0119	0.0116	0.0113	0.0110
2.3	0.0107	0.0104	0.0102	0.0099	0.0096	0.0094	0.0091	0.0089	0.0087	0.0084
2.4	0.0082	0.0080	0.0078	0.0075	0.0073	0.0071	0.0069	0.0068	0.0066	0.0064
2.5	0.0062	0.0060	0.0059	0.0057	0.0055	0.0054	0.0052	0.0051	0.0049	0.0048
2.6	0.0047	0.0045	0.0044	0.0043	0.0041	0.0040	0.0039	0.0038	0.0037	0.0036
2.7	0.0035	0.0034	0.0033	0.0032	0.0031	0.0030	0.0029	0.0028	0.0027	0.0026
2.8	0.0026	0.0025	0.0024	0.0023	0.0023	0.0022	0.0021	0.0021	0.0020	0.0019
2.9	0.0019	0.0018	0.0018	0.0017	0.0016	0.0016	0.0015	0.0015	0.0014	0.0014
3.0	0.0013	0.0013	0.0013	0.0012	0.0012	0.0011	0.0011	0.0011	0.0010	0.0010
3.1	0.0010	0.0009	0.0009	0.0009	0.0008	0.0008	0.0008	0.0008	0.0007	0.0007
3.2	0.0007	0.0007	0.0006	0.0006	0.0006	0.0006	0.0006	0.0005	0.0005	0.0005
3.3	0.0005	0.0005	0.0005	0.0004	0.0004	0.0004	0.0004	0.0004	0.0004	0.0003
3.4	0.0003	0.0003	0.0003	0.0003	0.0003	0.0003	0.0003	0.0003	0.0003	0.0002

[4] 카이제곱분포—오른쪽 꼬리 확률

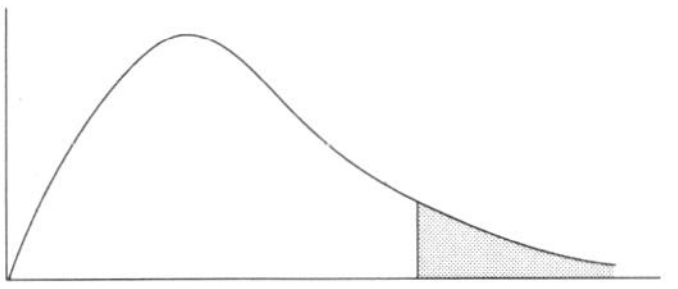

df	0.9995	0.999	0.9975	0.995	0.990	0.975	0.950	0.900	0.750	0.500
1	0.00	0.00	0.00	0.00	0.00	0.00	0.00	0.02	0.10	0.45
2	0.00	0.00	0.01	0.01	0.02	0.05	0.10	0.21	0.58	1.39
3	0.02	0.02	0.04	0.07	0.11	0.22	0.35	0.58	1.21	2.37
4	0.06	0.09	0.14	0.21	0.30	0.48	0.71	1.06	1.92	3.36
5	0.16	0.21	0.31	0.41	0.55	0.83	1.15	1.61	2.67	4.35
6	0.30	0.38	0.53	0.68	0.87	1.24	1.64	2.20	3.45	5.35
7	0.48	0.60	0.79	0.99	1.24	1.69	2.17	2.83	4.25	6.35
8	0.71	0.86	1.10	1.34	1.65	2.18	2.73	3.49	5.07	7.34
9	0.97	1.15	1.45	1.73	2.09	2.70	3.33	4.17	5.90	8.34
10	1.26	1.48	1.83	2.16	2.56	3.25	3.94	4.87	6.74	9.34
11	1.59	1.83	2.23	2.60	3.05	3.82	4.57	5.58	7.58	10.34
12	1.93	2.21	2.66	3.07	3.57	4.40	5.23	6.30	8.44	11.34
13	2.31	2.62	3.11	3.57	4.11	5.01	5.89	7.04	9.30	12.34
14	2.70	3.04	3.58	4.07	4.66	5.63	6.57	7.79	10.17	13.34
15	3.11	3.48	4.07	4.60	5.23	6.26	7.26	8.55	11.04	14.34
16	3.54	3.94	4.57	5.14	5.81	6.91	7.96	9.31	11.91	15.34
17	3.98	4.42	5.09	5.70	6.41	7.56	8.67	10.09	12.79	16.34
18	4.44	4.90	5.62	6.26	7.01	8.23	9.39	10.86	13.68	17.34
19	4.91	5.41	6.17	6.84	7.63	8.91	10.12	11.65	14.56	18.34
20	5.40	5.92	6.72	7.43	8.26	9.59	10.85	12.44	15.45	19.34
21	5.90	6.45	7.29	8.03	8.90	10.28	11.59	13.24	16.34	20.34
22	6.40	6.98	7.86	8.64	9.54	10.98	12.34	14.04	17.24	21.34
23	6.92	7.53	8.45	9.26	10.20	11.69	13.09	14.85	18.14	22.34
24	7.45	8.08	9.04	9.89	10.86	12.40	13.85	15.66	19.04	23.34
25	7.99	8.65	9.65	10.52	11.52	13.12	14.61	16.47	19.94	24.34
26	8.54	9.22	10.26	11.16	12.20	13.84	15.38	17.29	20.84	25.34
27	9.09	9.80	10.87	11.81	12.88	14.57	16.15	18.11	21.75	26.34
28	9.66	10.39	11.50	12.46	13.56	15.31	16.93	18.94	22.66	27.34
29	10.23	10.99	12.13	13.12	14.26	16.05	17.71	19.77	23.57	28.34
30	10.80	11.59	12.76	13.79	14.95	16.79	18.49	20.60	24.48	29.34
40	16.91	17.92	19.42	20.71	22.16	24.43	26.51	29.05	33.66	39.34
50	23.46	24.67	26.46	27.99	29.71	32.36	34.76	37.69	42.94	49.33
60	30.34	31.74	33.79	35.53	37.48	40.48	43.19	46.46	52.29	59.33
80	44.79	46.52	49.04	51.17	53.54	57.15	60.39	64.28	71.14	79.33
100	59.90	61.92	64.86	67.33	70.06	74.22	77.93	82.36	90.13	99.33

[4] 이제곱분포—오른쪽 꼬리 확률(계속)

df	0.250	0.200	0.150	0.100	0.050	0.025	0.020	0.010	0.005	0.0025	0.001	0.0005
1	1.32	1.64	2.07	2.71	3.84	5.02	5.41	6.63	7.88	9.14	10.83	12.12
2	2.77	3.22	3.79	4.61	5.99	7.38	7.82	9.21	10.60	11.98	13.82	15.20
3	4.11	4.64	5.32	6.25	7.81	9.35	9.84	11.34	12.84	14.32	16.27	17.73
4	5.39	5.99	6.74	7.78	9.49	11.14	11.67	13.28	14.86	16.42	18.47	20.00
5	6.63	7.29	8.12	9.24	11.07	12.83	13.39	15.09	16.75	18.39	20.51	22.11
6	7.84	8.56	9.45	10.64	12.59	14.45	15.03	16.81	18.55	20.25	22.46	24.10
7	9.04	9.80	10.75	12.02	14.07	16.01	16.62	18.48	20.28	22.04	24.32	26.02
8	10.22	11.03	12.03	13.36	15.51	17.53	18.17	20.09	21.95	23.77	26.12	27.87
9	11.39	12.24	13.29	14.68	16.92	19.02	19.68	21.67	23.59	25.46	27.88	29.67
10	12.55	13.44	14.53	15.99	18.31	20.48	21.16	23.21	25.19	27.11	29.59	31.42
11	13.70	14.63	15.77	17.28	19.68	21.92	22.62	24.72	26.76	28.73	31.26	33.14
12	14.85	15.81	16.99	18.55	21.03	23.34	24.05	26.22	28.30	30.32	32.91	34.82
13	15.98	16.98	18.20	19.81	22.36	24.74	25.47	27.69	29.82	31.88	34.53	36.48
14	17.12	18.15	19.41	2.106	23.68	26.12	26.87	29.14	31.32	33.43	36.12	38.11
15	18.25	19.31	20.60	22.31	25.00	27.49	28.26	30.58	32.80	34.95	37.70	39.72
16	19.37	20.47	21.79	23.54	26.30	28.85	29.63	32.00	34.27	36.46	39.25	41.31
17	20.49	21.61	22.98	24.77	27.59	30.19	31.00	33.41	35.72	37.95	40.79	42.88
18	21.60	22.76	24.16	25.99	28.87	31.53	32.35	34.81	37.16	39.42	42.31	44.43
19	22.72	23.90	25.33	27.20	30.14	32.85	33.69	36.19	38.58	40.88	43.82	45.97
20	23.83	25.04	26.50	28.41	31.41	34.17	35.02	37.57	40.00	42.34	45.31	47.50
21	24.93	26.17	27.66	29.62	32.67	35.48	36.34	38.93	41.40	43.78	46.80	49.01
22	26.04	27.30	28.82	30.81	33.92	36.78	37.66	40.29	42.80	45.20	48.27	50.51
23	27.14	28.43	29.98	32.01	35.17	38.08	38.97	41.64	44.18	46.62	49.73	52.00
24	28.24	29.55	31.13	33.20	36.42	39.36	40.27	42.98	45.56	48.03	51.18	53.48
25	29.34	30.68	32.28	34.38	37.65	40.65	41.57	44.31	46.93	49.44	52.62	54.95
26	30.43	31.79	33.43	35.56	38.89	41.92	42.86	45.64	48.29	50.83	54.05	56.41
27	31.53	32.91	34.57	36.74	40.11	43.19	44.14	46.96	49.64	52.22	55.48	57.86
28	32.62	34.03	35.71	37.92	41.34	44.46	45.42	48.28	50.99	53.59	56.89	59.30
29	33.71	35.14	36.85	39.09	42.56	45.72	46.69	49.59	52.34	54.97	58.30	60.73
30	34.80	36.25	37.99	40.26	43.77	46.98	47.96	50.89	53.67	56.33	59.70	62.16
40	45.62	47.27	49.24	51.81	55.76	59.34	60.44	63.69	66.77	69.70	73.40	76.09
50	56.33	58.16	60.35	63.17	67.50	71.42	72.61	76.15	79.49	82.66	86.66	89.56
60	66.98	68.97	71.34	74.40	79.08	83.30	84.58	88.38	91.95	95.34	99.61	102.7
80	88.13	90.41	93.11	96.58	101.9	106.6	108.1	112.3	116.3	120.1	124.8	128.3
100	109.1	111.7	114.7	118.5	124.3	129.6	131.1	135.8	140.2	144.3	149.4	153.2

[5] 스튜던트 t-분포—오른쪽 꼬리 확률

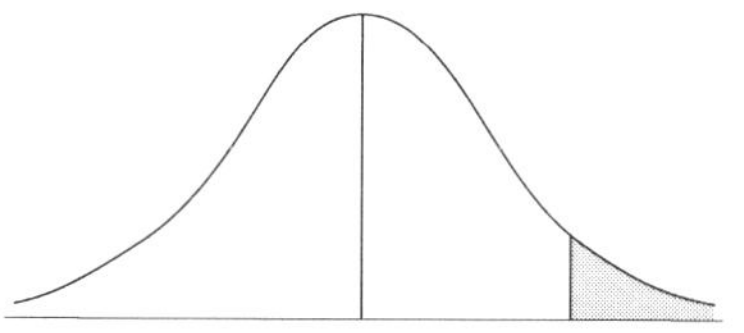

df	0.25	0.20	0.15	0.10	0.05	0.025	0.02	0.01	0.005	0.0025	0.001	0.0005
1	1.000	1.376	1.963	3.078	6.314	12.71	15.89	31.82	63.66	127.3	318.3	636.6
2	0.816	1.061	1.386	1.886	2.920	4.303	4.849	6.965	9.925	14.09	22.33	31.60
3	0.765	0.978	1.250	1.638	2.353	3.182	3.482	4.541	5.841	7.453	10.21	12.92
4	0.741	0.941	1.190	1.533	2.132	2.776	2.999	3.747	4.604	5.598	7.173	8.610
5	0.727	0.920	1.156	1.476	2.015	2.571	2.757	3.365	4.032	4.773	5.893	6.869
6	0.718	0.906	1.134	1.440	1.943	2.447	2.612	3.143	3.707	4.317	5.208	5.959
7	0.711	0.896	1.119	1.415	1.895	2.365	2.517	2.998	3.499	4.029	4.785	5.408
8	0.706	0.889	1.108	1.397	1.860	2.306	2.449	2.896	3.355	3.833	4.501	5.041
9	0.703	0.883	1.100	1.383	1.833	2.262	2.398	2.821	3.250	3.690	4.297	4.781
10	0.700	0.879	1.093	1.372	1.812	2.228	2.359	2.764	3.169	3.581	4.144	4.587
11	0.697	0.876	1.088	1.363	1.796	2.201	2.328	2.718	3.106	3.497	4.025	4.437
12	0.695	0.873	1.083	1.356	1.782	2.179	2.303	2.681	3.055	3.428	3.930	4.318
13	0.694	0.870	1.079	1.350	1.771	2.160	2.282	2.650	3.012	3.372	3.852	4.221
14	0.692	0.868	1.076	1.345	1.761	2.145	2.264	2.624	2.977	3.326	3.787	4.140
15	0.691	0.866	1.074	1.341	1.753	2.131	2.249	2.602	2.947	3.286	3.733	4.073
16	0.690	0.865	1.071	1.337	1.746	2.120	2.235	2.583	2.921	3.252	3.686	4.015
17	0.689	0.863	1.069	1.333	1.740	2.110	2.224	2.567	2.898	3.222	3.646	3.965
18	0.688	0.862	1.067	1.330	1.734	2.101	2.214	2.552	2.878	3.197	3.611	3.922
19	0.688	0.861	1.066	1.328	1.729	2.093	2.205	2.539	2.861	3.174	3.579	3.883
20	0.687	0.860	1.064	1.325	1.725	2.086	2.197	2.528	2.845	3.153	3.552	3.850
21	0.686	0.859	1.063	1.323	1.721	2.080	2.189	2.518	2.831	3.135	3.527	3.819
22	0.686	0.858	1.061	1.321	1.717	2.074	2.183	2.508	2.819	3.119	3.505	3.792
23	0.685	0.858	1.060	1.319	1.714	2.069	2.177	2.500	2.807	3.104	3.485	3.768
24	0.685	0.857	1.059	1.318	1.711	2.064	2.172	2.492	2.797	3.091	3.467	3.745
25	0.684	0.856	1.058	1.316	1.708	2.060	2.167	2.485	2.787	3.078	3.450	3.725
26	0.684	0.856	1.058	1.315	1.706	2.056	2.162	2.479	2.779	3.067	3.435	3.707
27	0.684	0.855	1.057	1.314	1.703	2.052	2.158	2.473	2.771	3.057	3.421	3.690
28	0.683	0.855	1.056	1.313	1.701	2.048	2.154	2.467	2.763	3.047	3.408	3.674
29	0.683	0.854	1.055	1.311	1.699	2.045	2.150	2.462	2.756	3.038	3.396	3.659
30	0.683	0.854	1.055	1.310	1.697	2.042	2.147	2.457	2.750	3.030	3.385	3.646
40	0.681	0.851	1.050	1.303	1.684	2.021	2.123	2.423	2.704	2.971	3.307	3.551
50	0.679	0.849	1.047	1.299	1.676	2.009	2.109	2.403	2.678	2.937	3.261	3.496
60	0.679	0.848	1.045	1.296	1.671	2.000	2.099	2.390	2.660	2.915	3.232	3.460
80	0.678	0.846	1.043	1.292	1.664	1.990	2.088	2.374	2.639	2.887	3.195	3.416
100	0.677	0.845	1.042	1.290	1.660	1.984	2.081	2.364	2.626	2.871	3.174	3.390
1,000	0.675	0.842	1.037	1.282	1.646	1.962	2.056	2.330	2.581	2.813	3.098	3.300
∞	0.674	0.841	1.036	1.282	1.645	1.960	2.054	2.326	2.576	2.807	3.091	3.291

[6] F 분포—오른쪽 꼬리 확률

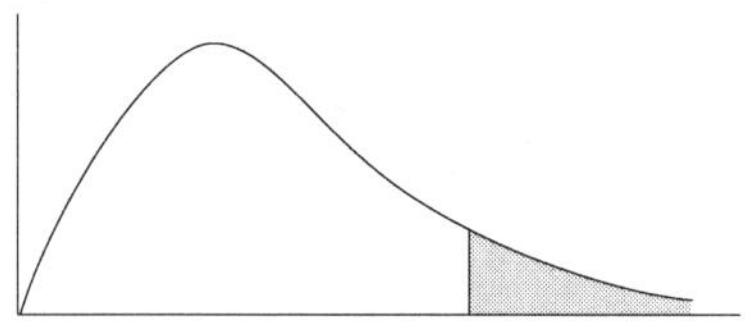

분모의 자유도	α	분자의 자유도 1	2	3	4	5	6	7	8	9	10
	0.100	39.86	49.50	53.59	55.83	57.24	58.20	58.91	59.44	59.86	60.19
	0.050	161.45	199.50	215.71	224.58	230.10	233.99	236.77	238.88	240.54	241.88
1	0.025	647.79	799.50	864.16	899.58	921.85	937.11	948.22	956.66	963.28	968.63
	0.010	4052.2	4999.5	5403.4	5624.6	5763.6	5859.0	5928.4	5981.1	6022.5	6055.8
	0.001	405284	500000	540379	562500	576405	585937	592873	598144	602284	605621
	0.100	8.53	9.00	9.16	9.24	9.29	9.33	9.35	9.37	9.38	9.39
	0.050	18.51	19.00	19.16	19.25	19.30	19.33	19.35	19.37	19.38	19.40
2	0.025	38.51	39.00	39.17	39.25	39.30	39.33	39.36	39.37	39.39	39.40
	0.010	98.50	99.00	99.17	99.25	99.30	99.33	99.36	99.37	99.39	99.40
	0.001	998.50	999.00	999.17	999.25	999.30	999.33	999.36	999.37	999.39	999.40
	0.100	5.54	5.46	5.39	5.34	5.31	5.28	5.27	5.25	5.24	5.23
	0.050	10.13	9.55	9.28	9.12	9.01	8.94	8.89	8.85	8.81	8.79
3	0.025	17.44	16.04	15.44	15.10	14.88	14.73	14.62	14.54	14.47	14.42
	0.010	34.12	30.82	29.46	28.71	28.24	27.91	27.67	27.49	27.35	27.23
	0.001	167.03	148.50	141.11	137.10	134.58	132.85	131.58	130.62	129.86	129.25
	0.100	4.54	4.32	4.19	4.11	4.05	4.01	3.98	3.95	3.94	3.92
	0.050	7.71	6.94	6.59	6.39	6.26	6.16	6.09	6.04	6.00	5.96
4	0.025	12.22	10.65	9.98	9.60	9.36	9.20	9.07	8.98	8.90	8.84
	0.010	21.20	18.00	16.69	15.98	15.52	15.21	14.98	14.80	14.66	14.55
	0.001	74.14	61.25	56.18	53.44	51.71	50.53	49.66	49.00	48.47	48.05
	0.100	4.06	3.78	3.62	3.52	3.45	3.40	3.37	3.34	3.32	3.30
	0.050	6.61	5.79	5.41	5.19	5.05	4.95	4.88	4.82	4.77	4.74
5	0.025	10.01	8.43	7.76	7.39	7.15	6.98	6.85	6.76	6.68	6.62
	0.010	16.26	13.27	12.06	11.39	10.97	10.67	10.46	10.29	10.16	10.05
	0.001	47.18	37.12	33.20	31.09	29.75	28.83	28.16	27.65	27.24	26.92
	0.100	3.78	3.46	3.29	3.18	3.11	3.05	3.01	2.98	2.96	2.94
	0.050	5.99	5.14	4.76	4.53	4.39	4.28	4.21	4.15	4.10	4.06
6	0.025	8.81	7.26	6.60	6.23	5.99	5.82	5.70	5.60	5.52	5.46
	0.010	13.75	10.92	9.78	9.15	8.75	8.47	8.26	8.10	7.98	7.87
	0.001	35.51	27.00	23.70	21.92	20.80	20.03	19.46	19.03	18.69	18.41

[6] F 분포—오른쪽 꼬리 확률(계속)

분모의 자유도	α	12	15	20	25	30	40	50	60	120	1,000
		분자의 자유도									
	0.100	60.71	61.22	61.74	62.05	62.26	62.53	62.69	62.79	63.06	63.30
	0.050	243.91	245.95	248.01	249.26	250.10	251.14	251.77	252.20	253.25	254.11
1	0.025	976.71	984.87	993.10	998.08	1001.4	1005.6	1008.1	1009.8	1014.0	1017.7
	0.010	6106.3	6157.3	6208.7	6239.8	6260.6	6286.8	6302.5	6313.0	6339.4	6362.7
	0.001	610668	615764	620908	624017	626099	628712	630285	631337	633972	636301
	0.100	9.41	9.42	9.44	9.45	9.46	9.47	9.47	9.47	9.48	9.49
	0.050	19.41	19.43	19.45	19.46	19.46	19.47	19.48	19.48	19.49	19.49
2	0.025	39.41	39.43	39.45	39.46	39.46	39.47	39.48	39.48	39.49	39.50
	0.010	99.42	99.43	99.45	99.46	99.47	99.47	99.48	99.48	99.49	99.50
	0.001	999.42	999.43	999.45	999.46	999.47	999.47	999.48	999.48	999.49	999.50
	0.100	5.22	5.20	5.18	5.17	5.17	5.16	5.15	5.15	5.14	5.13
	0.050	8.74	8.70	8.66	8.63	8.62	8.59	8.58	8.57	8.55	8.53
3	0.025	14.34	14.25	14.17	14.12	14.08	14.04	14.01	13.99	13.95	13.91
	0.010	27.05	26.87	26.69	26.58	26.50	26.41	26.35	26.32	26.22	26.14
	0.001	128.32	127.37	126.42	125.84	125.45	124.96	124.66	124.47	123.97	123.53
	0.100	3.90	3.87	3.84	3.83	3.82	3.80	3.80	3.79	3.78	3.76
	0.050	5.91	5.86	5.80	5.77	5.75	5.72	5.70	5.69	5.66	5.63
4	0.025	8.75	8.66	8.56	8.50	8.46	8.41	8.38	8.36	8.31	8.26
	0.010	14.37	14.20	14.02	13.91	13.84	13.75	13.69	13.65	13.56	13.47
	0.001	47.41	46.76	46.10	45.70	45.43	45.09	44.88	44.75	44.40	44.09
	0.100	3.27	3.24	3.21	3.19	3.17	3.16	3.15	3.14	3.12	3.11
	0.050	4.68	4.62	4.56	4.52	4.50	4.46	4.44	4.43	4.40	4.37
5	0.025	6.52	6.43	6.33	6.27	6.23	6.18	6.14	6.12	6.07	6.02
	0.010	9.89	9.72	9.55	9.45	9.38	9.29	9.24	9.20	9.11	9.03
	0.001	26.42	25.91	25.39	25.08	24.87	24.60	24.44	24.33	24.06	23.82
	0.100	2.90	2.87	2.84	2.81	2.80	2.78	2.77	2.76	2.74	2.72
	0.050	4.00	3.94	3.87	3.83	3.81	3.77	3.75	3.74	3.70	3.67
6	0.025	5.37	5.27	5.17	5.11	5.07	5.01	4.98	4.96	4.90	4.86
	0.010	7.72	7.56	7.40	7.30	7.23	7.14	7.09	7.06	6.97	6.89
	0.001	17.99	17.56	17.12	16.85	16.67	16.44	16.31	16.21	15.98	15.77

[6] F 분포—오른쪽 꼬리 확률(계속)

분모의 자유도	α	1	2	3	4	5	6	7	8	9	10
		분자의 자유도									
	0.100	3.59	3.26	3.07	2.96	2.88	2.83	2.78	2.75	2.72	2.70
	0.050	5.59	4.74	4.35	4.12	3.97	3.87	3.79	3.73	3.68	3.64
7	0.025	8.07	6.54	5.89	5.52	5.29	5.12	4.99	4.90	4.82	4.76
	0.010	12.25	9.55	8.45	7.85	7.46	7.19	6.99	6.84	6.72	6.62
	0.001	29.25	21.69	18.77	17.20	16.21	15.52	15.02	14.63	14.33	14.08
	0.100	3.46	3.11	2.92	2.81	2.73	2.67	2.62	2.59	2.56	2.54
	0.050	5.32	4.46	4.07	3.84	3.69	3.58	3.50	3.44	3.39	3.35
8	0.025	7.57	6.06	5.42	5.05	4.82	4.65	4.53	4.43	4.36	4.30
	0.010	11.26	8.65	7.59	7.01	6.63	6.37	6.18	6.03	5.91	5.81
	0.001	25.41	18.49	15.83	14.39	13.48	12.86	12.40	12.05	11.77	11.54
	0.100	3.36	3.01	2.81	2.69	2.61	2.55	2.51	2.47	2.44	2.42
	0.050	5.12	4.26	3.86	3.63	3.48	3.37	3.29	3.23	3.18	3.14
9	0.025	7.21	5.71	5.08	4.72	4.48	4.32	4.20	4.10	4.03	3.96
	0.010	10.56	8.02	6.99	6.42	6.06	5.80	5.61	5.47	5.35	5.26
	0.001	22.86	16.39	13.90	12.56	11.71	11.13	10.70	10.37	10.11	9.89
	0.100	3.29	2.92	2.73	2.61	2.52	2.46	2.41	2.38	2.35	2.32
	0.050	4.96	4.10	3.71	3.48	3.33	3.22	3.14	3.07	3.02	2.98
10	0.025	6.94	5.46	4.83	4.47	4.24	4.07	3.95	3.85	3.78	3.72
	0.010	10.04	7.56	6.55	5.99	5.64	5.39	5.20	5.06	4.94	4.85
	0.001	21.04	14.91	12.55	11.28	10.48	9.93	9.52	9.20	8.96	8.75
	0.100	3.23	2.86	2.66	2.54	2.45	2.39	2.34	2.30	2.27	2.25
	0.050	4.84	3.98	3.59	3.36	3.20	3.09	3.01	2.95	2.90	2.85
11	0.025	6.72	5.26	4.63	4.28	4.04	3.88	3.76	3.66	3.59	3.53
	0.010	9.65	7.21	6.22	5.67	5.32	5.07	4.89	4.74	4.63	4.54
	0.001	19.69	13.81	11.56	10.35	9.58	9.05	8.66	8.35	8.12	7.92
	0.100	3.18	2.81	2.61	2.48	2.39	2.33	2.28	2.24	2.21	2.19
	0.050	4.75	3.89	3.49	3.26	3.11	3.00	2.91	2.85	2.80	2.75
12	0.025	6.55	5.10	4.47	4.12	3.89	3.73	3.61	3.51	3.44	3.37
	0.010	9.33	6.93	5.95	5.41	5.06	4.82	4.64	4.50	4.39	4.30
	0.001	18.64	12.97	10.80	9.63	8.89	8.38	8.00	7.71	7.48	7.29
	0.100	3.14	2.76	2.56	2.43	2.35	2.28	2.23	2.20	2.16	2.14
	0.050	4.67	3.81	3.41	3.18	3.03	2.92	2.83	2.77	2.71	2.67
13	0.025	6.41	4.97	4.35	4.00	3.77	3.60	3.48	3.39	3.31	3.25
	0.010	9.07	6.70	5.74	5.21	4.86	4.62	4.44	4.30	4.19	4.10
	0.001	17.82	12.31	10.21	9.07	8.35	7.86	7.49	7.21	6.98	6.80

[6] F 분포—오른쪽 꼬리 확률(계속)

분모의 자유도	α	12	15	20	25	30	40	50	60	120	1,000
		분자의 자유도									
	0.100	2.67	2.63	2.59	2.57	2.56	2.54	2.52	2.51	2.49	2.47
	0.050	3.57	3.51	3.44	3.40	3.38	3.34	3.32	3.30	3.27	3.23
7	0.025	4.67	4.57	4.47	4.40	4.36	4.31	4.28	4.25	4.20	4.15
	0.010	6.47	6.31	6.16	6.06	5.99	5.91	5.86	5.82	5.74	5.66
	0.001	13.71	13.32	12.93	12.69	12.53	12.33	12.20	12.12	11.91	11.72
	0.100	2.50	2.46	2.42	2.40	2.38	2.36	2.35	2.34	2.32	2.30
	0.050	3.28	3.22	3.15	3.11	3.08	3.04	3.02	3.01	2.97	2.93
8	0.025	4.20	4.10	4.00	3.94	3.89	3.84	3.81	3.78	3.73	3.68
	0.010	5.67	5.52	5.36	5.26	5.20	5.12	5.07	5.03	4.95	4.87
	0.001	11.19	10.84	10.48	10.26	10.11	9.92	9.80	9.73	9.53	9.36
	0.100	2.38	2.34	2.30	2.27	2.25	2.23	2.22	2.21	2.18	2.16
	0.050	3.07	3.01	2.94	2.89	2.86	2.83	2.80	2.79	2.75	2.71
9	0.025	3.87	3.77	3.67	3.60	3.56	3.51	3.47	3.45	3.39	3.34
	0.010	5.11	4.96	4.81	4.71	4.65	4.57	4.52	4.48	4.40	4.32
	0.001	9.57	9.24	8.90	8.69	8.55	8.37	8.26	8.19	8.00	7.84
	0.100	2.28	2.24	2.20	2.17	2.16	2.13	2.12	2.11	2.08	2.06
	0.050	2.91	2.85	2.77	2.73	2.70	2.66	2.64	2.62	2.58	2.54
10	0.025	3.62	3.52	3.42	3.35	3.31	3.26	3.22	3.20	3.14	3.09
	0.010	4.71	4.56	4.41	4.31	4.25	4.17	4.12	4.08	4.00	3.92
	0.001	8.45	8.13	7.80	7.60	7.47	7.30	7.19	7.12	6.94	6.78
	0.100	2.21	2.17	2.12	2.10	2.08	2.05	2.04	2.03	2.00	1.98
	0.050	2.79	2.72	2.65	2.60	2.57	2.53	2.51	2.49	2.45	2.41
11	0.025	3.43	3.33	3.23	3.16	3.12	3.06	3.03	3.00	2.94	2.89
	0.010	4.40	4.25	4.10	4.01	3.94	3.86	3.81	3.78	3.69	3.61
	0.001	7.63	7.32	7.01	6.81	6.68	6.52	6.42	6.35	6.18	6.02
	0.100	2.15	2.10	2.06	2.03	2.01	1.99	1.97	1.96	1.93	1.91
	0.050	2.69	2.62	2.54	2.50	2.47	2.43	2.40	2.38	2.34	2.30
12	0.025	3.28	3.18	3.07	3.01	2.96	2.91	2.87	2.85	2.79	2.73
	0.010	4.16	4.01	3.86	3.76	3.70	3.62	3.57	3.54	3.45	3.37
	0.001	7.00	6.71	6.40	6.22	6.09	5.93	5.83	5.76	5.59	5.44
	0.100	2.10	2.05	2.01	1.98	1.96	1.93	1.92	1.90	1.88	1.85
	0.050	2.60	2.53	2.46	2.41	2.38	2.34	2.31	2.30	2.25	2.21
13	0.025	3.15	3.05	2.95	2.88	2.84	2.78	2.74	2.72	2.66	2.60
	0.010	3.96	3.82	3.66	3.57	3.51	3.43	3.38	3.34	3.25	3.18
	0.001	6.52	6.23	5.93	5.75	5.63	5.47	5.37	5.30	5.14	4.99

[6] F 분포—오른쪽 꼬리 확률(계속)

분모의 자유도	α	1	2	3	4	5	6	7	8	9	10
		분자의 자유도									
	0.100	3.10	2.73	2.52	2.39	2.31	2.24	2.19	2.15	2.12	2.10
	0.050	4.60	3.74	3.34	3.11	2.96	2.85	2.76	2.70	2.65	2.60
14	0.025	6.30	4.86	4.24	3.89	3.66	3.50	3.38	3.29	3.21	3.15
	0.010	8.86	6.51	5.56	5.04	4.69	4.46	4.28	4.14	4.03	3.94
	0.001	17.14	11.78	9.73	8.62	7.92	7.44	7.08	6.80	6.58	6.40
	0.100	3.07	2.70	2.49	2.36	2.27	2.21	2.16	2.12	2.09	2.06
	0.050	4.54	3.68	3.29	3.06	2.90	2.79	2.71	2.64	2.59	2.54
15	0.025	6.20	4.77	4.15	3.80	3.58	3.41	3.29	3.20	3.12	3.06
	0.010	8.68	6.36	5.42	4.89	4.56	4.32	4.14	4.00	3.89	3.80
	0.001	16.59	11.34	9.34	8.25	7.57	7.09	6.74	6.47	6.26	6.08
	0.100	3.05	2.67	2.46	2.33	2.24	2.18	2.13	2.09	2.06	2.03
	0.050	4.49	3.63	3.24	3.01	2.85	2.74	2.66	2.59	2.54	2.49
16	0.025	6.12	4.69	4.08	3.73	3.50	3.34	3.22	3.12	3.05	2.99
	0.010	8.53	6.23	5.29	4.77	4.44	4.20	4.03	3.89	3.78	3.69
	0.001	16.12	10.97	9.01	7.94	7.27	6.80	6.46	6.19	5.98	5.81
	0.100	3.03	2.64	2.44	2.31	2.22	2.15	2.10	2.06	2.03	2.00
	0.050	4.45	3.59	3.20	2.96	2.81	2.70	2.61	2.55	2.49	2.45
17	0.025	6.04	4.62	4.01	3.66	3.44	3.28	3.16	3.06	2.98	2.92
	0.010	8.40	6.11	5.19	4.67	4.34	4.10	3.93	3.79	3.68	3.59
	0.001	15.72	10.66	8.73	7.68	7.02	6.56	6.22	5.96	5.75	5.58
	0.100	3.01	2.62	2.42	2.29	2.20	2.13	2.08	2.04	2.00	1.98
	0.050	4.41	3.55	3.16	2.93	2.77	2.66	2.58	2.51	2.46	2.41
18	0.025	5.98	4.56	3.95	3.61	3.38	3.22	3.10	3.01	2.93	2.87
	0.010	8.29	6.01	5.09	4.58	4.25	4.01	3.84	3.71	3.60	3.51
	0.001	15.38	10.39	8.49	7.46	6.81	6.35	6.02	5.76	5.56	5.39
	0.100	2.99	2.61	2.40	2.27	2.18	2.11	2.06	2.02	1.98	1.96
	0.050	4.38	3.52	3.13	2.90	2.74	2.63	2.54	2.48	2.42	2.38
19	0.025	5.92	4.51	3.90	3.56	3.33	3.17	3.05	2.96	2.88	2.82
	0.010	8.18	5.93	5.01	4.50	4.17	3.94	3.77	3.63	3.52	3.43
	0.001	15.08	10.16	8.28	7.27	6.62	6.18	5.85	5.59	5.39	5.22
	0.100	2.97	2.59	2.38	2.25	2.16	2.09	2.04	2.00	1.96	1.94
	0.050	4.35	3.49	3.10	2.87	2.71	2.60	2.51	2.45	2.39	2.35
20	0.025	5.87	4.46	3.86	3.51	3.29	3.13	3.01	2.91	2.84	2.77
	0.010	8.10	5.85	4.94	4.43	4.10	3.87	3.70	3.56	3.46	3.37
	0.001	14.82	9.95	8.10	7.10	6.46	6.02	5.69	5.44	5.24	5.08

[6] F 분포—오른쪽 꼬리 확률(계속)

분모의 자유도	α	분자의 자유도 12	15	20	25	30	40	50	60	120	1,000
	0.100	2.05	2.01	1.96	1.93	1.91	1.89	1.87	1.86	1.83	1.80
	0.050	2.53	2.46	2.39	2.34	2.31	2.27	2.24	2.22	2.18	2.14
14	0.025	3.05	2.95	2.84	2.78	2.73	2.67	2.64	2.61	2.55	2.50
	0.010	3.80	3.66	3.51	3.41	3.35	3.27	3.22	3.18	3.09	3.02
	0.001	6.13	5.85	5.56	5.38	5.25	5.10	5.00	4.94	4.77	4.62
	0.100	2.02	1.97	1.92	1.89	1.87	1.85	1.83	1.82	1.79	1.76
	0.050	2.48	2.40	2.33	2.28	2.25	2.20	2.18	2.16	2.11	2.07
15	0.025	2.96	2.86	2.76	2.69	2.64	2.59	2.55	2.52	2.46	2.40
	0.010	3.67	3.52	3.37	3.28	3.21	3.13	3.08	3.05	2.96	2.88
	0.001	5.81	5.54	5.25	5.07	4.95	4.80	4.70	4.64	4,47	4.33
	0.100	1.99	1.94	1.89	1.86	1.84	1.81	1.79	1.78	1.75	1.72
	0.050	2.42	2.35	2.28	2.23	2.19	2.15	2.12	2.11	2.06	2.02
16	0.025	2.89	2.79	2.68	2.61	2.57	2.51	2.47	2.45	2.38	2.32
	0.010	3.55	3.41	3.26	3.16	3.10	3.02	2.97	2.93	2.84	2.76
	0.001	5.55	5.27	4.99	4.82	4.70	4.54	4.45	4.39	4.23	4.08
	0.100	1.96	1.91	1.86	1.83	1.81	1.78	1.76	1.75	1.72	1.69
	0.050	2.38	2.31	2.23	2.18	2.15	2.10	2.08	2.06	2.01	1.97
17	0.025	2.82	2.72	2.62	2.55	2.50	2.44	2.41	2.38	2.32	2.26
	0.010	3.46	3.31	3.16	3.07	3.00	2.92	2.87	2.83	2.75	2.66
	0.001	5.32	5.05	4.78	4.60	4.48	4.33	4.24	4.18	4.02	3.87
	0.100	1.93	1.89	1.84	1.80	1.78	1.75	1.74	1.72	1.69	1.66
	0.050	2.34	2.27	2.19	2.14	2.11	2.06	2.04	2.02	1.97	1.92
18	0.025	2.77	2.67	2.56	2.49	2.44	2.38	2.35	2.32	2.26	2.20
	0.010	3.37	3.23	3.08	2.98	2.92	2.84	2.78	2.75	2.66	2.58
	0.001	5.13	4.87	4.59	4.42	4.30	4.15	4.06	4.00	3.84	3.69
	0.100	1.91	1.86	1.81	1.78	1.76	1.73	1.71	1.70	1.67	1.64
	0.050	2.31	2.23	2.16	2.11	2.07	2.03	2.00	1.98	1.93	1.88
19	0.025	2.72	2.62	2.51	2.44	2.39	2.33	2.30	2.27	2.20	2.14
	0.010	3.30	3.15	3.00	2.91	2.84	2.76	2.71	2.67	2.58	2.50
	0.001	4.97	4.70	4.43	4.26	4.14	3.99	3.90	3.84	3.68	3.53
	0.100	1.89	1.84	1.79	1.76	1.74	1.71	1.69	1.68	1.64	1.61
	0.050	2.28	2.20	2.12	2.07	2.04	1.99	1.97	1.95	1.90	1.85
20	0.025	2.68	2.57	2.46	2.40	2.35	2.29	2.25	2.22	2.16	2.09
	0.010	3.23	3.09	2.94	2.84	2.78	2.69	2.64	2.61	2.52	2.43
	0.001	4.82	4.56	4.29	4.12	4.00	3.86	3.77	3.70	3.54	3.40

찾아보기

■ 약력
대구가톨릭대학교 수학교육과

예비교사를 위한
확률 및 통계

지은이 오광식
펴낸이 조경희
펴낸곳 경문사
펴낸날 2017년 11월 30일 1판 1쇄
2020년 3월 2일 1판 3쇄
등 록 1979년 11월 9일 제1979-000023호
주 소 04057, 서울특별시 마포구 와우산로 174
전 화 (02)332-2004 팩스 (02)336-5193
이메일 kyungmoon@kyungmoon.com
facebook facebook.com/kyungmoonsa

값 10,000원

ISBN 979-11-6073-102-6

★ 경문사 홈페이지에 오시면 즐거운 일이 생깁니다.
http://www.kyungmoon.com

한국과학기술출판협회 회원사